方向错了，
停下就是进步

乐道 著

吉林文史出版社
JILIN WENSHI CHUBANSHE

图书在版编目（CIP）数据

方向错了，停下就是进步 / 乐道著. -- 长春 : 吉
林文史出版社, 2019.3

ISBN 978-7-5472-6066-1

Ⅰ.①方… Ⅱ.①乐… Ⅲ.①成功心理－通俗读物
Ⅳ.①B848.4－49

中国版本图书馆CIP数据核字(2019)第060232号

方向错了，停下就是进步

出 版 人　孙建军
著　　者　乐道
责任编辑　弭兰　赵艺
封面设计　韩立强
出版发行　吉林文史出版社有限责任公司
地　　址　长春市福祉大路出版集团A座
网　　址　www.jlws.com.cn
印　　刷　北京楠萍印刷有限公司
版　　次　2019年3月第1版　2019年3月第1次印刷
开　　本　880mm×1230mm　　1/32
字　　数　140千
印　　张　8
书　　号　ISBN 978-7-5472-6066-1
定　　价　38.00元

前　言

我国汉朝学者刘向编写的《战国策》一书中，记载了这样一个故事：

一个人坐着马车在路上疾驰，路人问他："你要去哪里呢？"

"楚国！"这人答道。

"那你怎么向北方走呢？这是到不了的呀。"

"没关系，我的马是千里挑一的良驹！"

"可是，楚国在南边……"

"怕什么，我带足了路费！"

"不是路费的事儿，你走的方向不对！"

"那又怎样，我的马夫有几十年的驾龄，都是最优秀的！"

路人目瞪口呆，只好苦笑着，眼睁睁地看着马车朝错误的方向驶去，离楚国越来越远……

这则《南辕北辙》的寓言，想必大家早就耳熟能详了。可现实生活中，太多的人并没有意识到，其实自己也是坐在马车上的那个人。

很多时候，我们努力了，奋斗了，为了心中的梦想，付出了太多的汗水和辛劳，然而成功并没有眷顾我们。这时候，很多人会埋怨环境，诅咒上天，向身边的人诉说命运对自己的不公。可我们是否能停下脚步认真想一想，看一看前行的方向？

要知道，无论你多么勤奋和坚持，付出了多少，永远没有人能在错误的方向上走出正确的道路。

我们策划这本《方向错了，停下就是进步》，灵感正是源于此。

如今，人们都相信"爱拼才会赢"。诚然，一个人内心有着坚定的目标，朝着目标奋力向前，本来是一件好事情。可是问题在于，如果目标错误，你奋力向前的方向自然也是错误的。这个时候，意志坚定、态度坚决这样的正能量，反而会变成阻碍你成功的负能量，这样甚至比没有目标更可怕。

就像歌里唱的那样："谁能够划船不用桨，谁能够扬帆没有风向。"哪怕是再简单的事情，也需要朝着正确的方向努力，才能离梦想越来越近。一个只知道埋头划桨不辨方向的水手，只会迎来别人的嘲笑，一艘不顾风向只知道扬帆起航的轮船，终将会迷失在茫茫大海中。

很多时候，我们苦苦追求，却不一定能得到好的结果，因此要懂得转身和放弃。一份不适合自己的工作，一堆被套牢的股票，一场不该发生的爱情，抑或是一个不切实际的梦想……当你发现无论怎样努力也无济于事时，真正聪明的做法就是转换方向，另觅他途。

太多时候，盲目地执着，不仅于事无补，反而会严重影响一个人的发展。我们希望通过这本书，让大家明白方向的重要性。当你发现自己的付出和回报不成正比时，不妨停下来重新审视一下方向，毕竟在错误的方向上停下来，反而是一种进步。

目　　录

Chapter 1 / 明明选错方向，
怎还怪世界辜负了你?

　　古人云，"知错能改，善莫大焉"，意在鼓励大家多反思、多改正。然而生活中，总有些人在"撞南墙"的道路上一条道走到黑，不知道反省自己是不是走错了方向。对于这样的人，"过而不改，是谓过矣"，恐怕是最合适的一句话了。

付出没有回报，你可能走错了路

在这个快节奏的时代，"努力终归会有收获"，是大多数人坚信的人生格言。我们身边有太多为了梦想辛勤努力的人，每天都在付出汗水和辛劳。然而，总有那么一些人，尽管每天忙忙碌碌，不仅付出了努力，甚至还牺牲了陪伴家人的时间，以及本应属于自己的节假日。可是，两年过去了，三年过去了，他们却发现：依旧看不到成功的希望。

这样的人不在少数，甚至就是我们自己。生活中，许多人抱怨命运的不公平，谴责竞争的残酷，觉得自己付出了太多，得到的回报却少得可怜，甚至开始怀疑"努力终归会有收获"这句话，觉得命运一点儿都不眷顾自己的努力和付出。

这个世界真的是这样吗？

我们不妨先来看这样一则小故事：

唐朝贞观年间，长安城的一家磨坊里，一匹马和一头驴子正在辛勤劳作。马负责拉车运粮，驴子则负责拉磨，因为经常碰面，驴子和马成了好朋友。

有一天，这匹马被皇宫派来的特使选中，带进了宫中。原来，皇帝派玄奘大师西行取经，选中了这匹骏马作为玄奘的坐骑。很快，马儿就跟着玄奘出发了，连跟驴子这个朋友道别的机会都没有。

这一去就是整整17个年头。

取经路上，艰难险阻无数，玄奘一路上风餐露宿，经历了重重磨难，马儿也兢兢业业，始终伴随玄奘左右，立下了汗马功劳。17年后，这匹马驮着辛苦取回的佛经，随玄奘回到长安，受到空前隆重的欢迎。作为奖励，这匹老马带着一大堆被赏赐的金银一起回到了原来主人的身边，回到了磨坊。

当年的老友，那头驴子，依然健在，每日里还在辛苦拉磨。老马对驴子讲起了这次旅途的种种经历，那些神话般的境遇，那些匪夷所思的见闻，深深地震撼了驴子。

驴子感叹道："比起我来，你的经历实在是太丰富了，如此遥远的道路，我连想都不敢想，恐怕根本就走不了那么远的路。"

老马说："你错了，其实17年来你所走过的路，并没有比我少。当我随高僧远走西域时，你每日里也都在努力拉磨，一步也未曾停歇。别看这磨坊只是弹丸之地，可你每天毫不停歇地转圈，这么多年来走过的路途，并不输于我远去西域所走的。"

"不同的是，我因为跟随了玄奘大师，踏出的每一步都有了目标和方向，并且始终如一地按照这个方向前进，日积月累，终于抵达了精彩广阔的世界。而你却被拉磨的眼罩蒙住眼睛，再也看不到方向，即使每日里跟我一样辛勤忙碌，却终究无法走出这狭隘的磨坊。"

道理其实很简单：一个没有正确人生方向的人，再怎么努力，再怎么折腾，一切都是徒劳，毫无意义。

回过头来，思考下自己当前的处境，是否正如那头驴子一样呢？

相信很多人会有这样的困惑及迷茫。所以，当你感觉辛苦付出却没有回报，觉得命运亏待了自己的时候，不妨在夜深人静的时候问问自己："真的是命运的不公吗？自己每天的忙碌收获了什么？我努力的方向对吗？我有没有找到真正属于自己努力的方向呢？"

一位先哲说过：一个人最重要的不是他所取得的成绩，也不是他所处的位置，而是他所努力的方向。只有选对了努力的方向，才可能抵达自己当初想去的地方。

黄渤是大家都很熟悉和喜爱的演员，但应该没有太多的人知道，他最初是以歌手身份出道的。然而，歌手这条路他走得并不顺畅，当其他同门师兄妹都已经在乐坛风生水起的时候，黄渤依然没有闯出丝毫的名堂。

他从广州辗转来到北京，当上了"北漂一族"，每天晚上跑夜场卖唱赚钱，白天就忙着练习，以及来回奔波，不断给唱片公司投歌曲小样。但是一年过去了，他的所有努力都像打了水漂儿，没有一点儿回音。

后来，一次偶然的机会，黄渤出演了《上车，走吧》这部电影。在拍戏过程中，他发现自己原来很有表演天赋，而且还很享受这个过程。于是，他选择转行，一门心思做起了演员。正是这个选择改变了他的人生，他很快就出色地演绎了很多电影角色，不仅让观众记住了自己，也打开了星路，一步一步收获了事业的成功。

很多时候，不是你不努力，而是你努力的方向不对。

只有选对了方向，才是成功的开始；只有正确的方向，才有成功的希望，才有成功的保证。如果你一开始就选择了错误的方向，再多的努力、再高的天赋，也是没有效果的。生活中总有那么一些人，缺乏长远的眼光和改变的决心，努力的方向明明是错误的，却还要一直坚持，不懂得调整。那最终的结果只会有一个：让自己陷入忙忙碌碌而无所作为的境地。这样的人，无论他们做什么，都非常容易钻牛角尖。

那些成功的人之所以能够成功，是因为他们有一个共同的特征：善于把握前进的方向，无论做什么事情，都会先把目标看清楚、方向弄明白。否则，即便再努力，和《南辕北辙》寓言里的那个愚蠢的人又有什么区别呢？

　　很多时候，我们因为种种挫折而迷失自己，以为自己的努力都是在做无用功，认为这个世界对自己太不公平。其实，不是你没有努力，也并不是命运之神遗忘了你，而是你努力的方向出现了偏差。这个时候，最需要的不是付出更大的努力，而是停下来思索前行的方向。

成败其实就在一念之间

一场电影，一出戏剧，乃至一场文艺演出，都需要事先准备好剧本，演员和参与者需要通过一次次的彩排寻找问题，解决问题，最终呈现完美的演出效果。

我们的人生如同一场没有彩排的演出，没有借助一次次的排练寻找问题、解决问题的修正机会，所以面对抉择的时候，我们所能做出的选择可以说都是唯一的。正是因为这样，人们总是想尽办法权衡利弊，追求更完美的选择，希望自己能够做出正确的决定。

然而很多时候，每次的选择是否正确，我们并不能立刻知道，因为相对于漫长的人生而言，抉择的那一刻实在是太短了。如果人生可以彩排，我们可以通过精心修改剧本来编辑自己的命运，甚至通过"试错"判断一个选择是否正确。可惜，人生永远不会给我们这样的机会。很多时候，当我们做出抉择时，往往就是一念之间，便决定了今后的人生道路。

有两个不如意的年轻人，一起去拜望他们的智者老师，他们提问道："师父，我们在职场混得不如意，辛苦付出得不到回报，平日里还要被上司、同事颐指气使，太痛苦了，求您指点，我们是不是该辞掉工作？"

智者闭着眼睛，沉吟了半天，吐出五个字：："不过一碗饭。"然后就挥挥手，示意年轻人退下。

两个年轻人听了师父这句话，都若有所思，随后回到公司，一个人递上辞呈，回家种田，另一个则什么也没做。

日子过得真快，转眼十年过去了。回家种田的年轻人，承包的土地越来越多，引入了现代化的管理和经营，加上品种改良，居然成了农业专家。而另一个留在公司的年轻人，虽然忍气吞声，工作上兢兢业业，但终究没有取得大的成就，无论是职位还是薪水，都没有大的起色，终日郁郁寡欢，苍老了许多。

有一天，两个年轻人重逢了。成为农业专家的这个人就问对方："奇怪，师父给我们同样'不过一碗饭'五个字，我一听就懂了，不过一碗饭嘛，日子有什么难过的，何必硬留在公司？所以我就辞职了，你当时为何没听师父的话呢？"

"我听了啊，"另一个年轻人沮丧地说道："师父说'不过一碗饭'，受点气，受点累，不过为了混碗饭吃，老板说什么就是什么，少赌气、少计较就成了，师父不是这个意思吗？"

于是，两个人又一同拜望师父。师父已经很老了，仍然闭着眼睛，沉吟半天，答了五个字，"不过一念间"，然后挥挥手……

细细想来，这位智者师父的回答，是不是很有意思？很多事情，很多抉择，真就是一念之间的天差地别。所以，我们在做抉择的时候，无论大小，都一定要谨慎考虑。人生没有彩排可以修正选择，很多时候，一个选择就决定了一个人未来的方向。

现实生活中，很多人在面临抉择的时候，并没有认识到一次次的选择对于自己生命走向的意义。就好像在我们不懂得珍惜时间的时候，随意打发平凡的日子，就像用草稿纸一样随手在那边涂画，因为心中觉得这样的日子有很多，即使错过了今天的太阳，还会迎来第二天的太阳。

现实是，不同的选择必然会带来不同的生活，即便一个不经意间的小选择，也有可能会改变你的人生走向。我们人生的每一天、每一小时、每一分、每一秒，其实都有可能引发命运的蝴蝶效应。我们无从知晓当下的小小选择会对未来有怎样的影响，却总是在无意间做出选择。

　　高考时大意错了一道题，结果与心仪的学校失之交臂；求职面试时，忘了烫平西装的褶皱，被面试官认定为不专业；约会时想少走几步路选择了打车，没有去坐地铁，结果堵车迟到一个小时，被女朋友认为不重视她；朋友聚会的时候，因为玩过头没有照顾一个醉酒的同学，导致他找不到回家的路，最后在马路边睡了一夜……

　　很多时候，你可能会觉得自己很无辜，也会怪时运不济，但是仔细想想，难道这些结果与自己选择时的草率，就没有一点儿关系吗？其实，生活对于任何一个人都是公平的，放眼未来，我们生命中的一切选择机会都没有给我们彩排和重来的机会，哪怕是再小的选择，都将在我们的人生轨迹中被记录下来，并最终成为人生轨迹的一部分。

　　如果是剧本或者是戏剧，只要保证演出的那一天可以成功就行；如果是彩排，成功与否都不重要，因为还有重来的机会，而人生的所有选择只有一次机会。人生如同战场，每一步都生死攸关，它不会留给我们更改选择的机会。很多时候，成与败的差别就在一念之间，每一次选择，无论多么微不足道，我们都不要草率决定自己的答案，哪怕是一小步的前进，也要把握好方向。因为我们的人生，正是由无数个微不足道的选择组成的。

走错方向，停下就是进步

追逐梦想的道路，永远不可能是平坦大道，顺风顺水。当我们追逐梦想时，很可能会遇到布满荆棘的羊肠小道，甚至被冷酷的大山阻挡，这些或许会摧毁我们的意志，将我们抛向命运的谷底……

当然，在一次次承受命运的打击时，我们赞赏那些坚持梦想不放弃的人，但同时也要思考另一个问题：筋疲力尽的时候，何不停下来，思考一下前行的方向是否正确，重新酝酿新计划后再整装待发呢？

有一位女作家，一开始是学习钢琴的，并且小有成就，她认为，自己能在音乐方面有所建树。但是有一次，她去参加某场国际比赛的时候，选择了一首自己特意练习很久、难度很大的曲子，可是到了比赛时她发现，自己需要练习多次才能弹奏的乐谱，有的十几岁的少年，不用辛苦练习，当场就能弹奏得非常流畅。

她觉得这已经不仅仅是努力不努力的问题了，自己的天赋显然很有限，即便继续努力下去，积累的速度也远远比不上那些天赋高的琴手，与其在并不擅长的道路上艰难前行，不如停下来重新规划自己擅长的道路。

不久，她就放弃了钢琴的练习，把精力转移到自己更喜欢的写作上。几年之后，她凭借一部作品一鸣惊人，成了一位知名的作家。

我们虽然推崇迎难而上、矢志不移的精神，但是有些时候，逆水行舟并不是明智的选择，万一你的目标在下游呢？你越是努力，就离目的地越远，这时需要的不是迎难而上、矢志不移；而是停下来重新思考方向。

杰拉德·莱文是20世纪90年代风光一时的时代华纳前主席，有着非常耀眼的资历和投资成绩，一直被认为是一位很有远见的CEO。当年，他曾经预见有线电视的未来，并创立了HBO，从而将时代华纳从一个集杂志、电影和音乐于一体的"大杂烩"一举转变成庞大无比的媒体巨头。

2000年，为了推动时代华纳更快的发展，杰拉德·莱文在很短的时间内决策并推动了与在线服务新秀AoL合并的提案。在他的预期中，一旦成功，新公司将在未来几十年的时间里一直处于市场主导地位。

然而，事实证明，莱文的这一行动过于仓促了。这次合并几乎将时代华纳拖入万丈深渊，公司股票大幅度贬值，由此引发了大规模裁员。莱文也损失了大部分资产以及所有的职业声誉，几乎变成无业游民，从风光无限的时代华纳主席迅速变成美国历史上最糟糕的并购案设计师。

莱文事后为此深刻反思，自己当时前进得过于顺利，发展得过于快速了。作为资深业内人士，他身边的许多朋友曾给出过善意的警告，建议他在推进计划时能够停下来进一步分析未来趋势。但是一门心思促成并购案的莱文，并没有接受这些建议。

设想一下，假如莱文在与AOL谈判的过程中能够停一下，认真思考同行的建议和意见，很可能就不会发生随后的并购失败，他的声誉和资产也就完好无损。很多时候，如果感觉到前进的方向出现偏差和疑虑，不妨让自己停下来，重新审视周围的环境以及前行的路。这只是一个小的举动，却可以抵得上我们所有其他努力的总和。

所以，努力没有错，停下来也没有错，关键在于心中是否有明确的方向。很多时候，我们停下来，是要平复内心纷乱的思绪，净化自己的心灵；是为了调整好心态，勇敢站起来；是为了思考，倾听顿悟之后的快乐；不是放弃，而是一次修整和修正。当我们更加笃定地明确自己的方向时会发现，天空更加高远，阳光更加灿烂。

人生总有大小不一的十字路口摆在我们前行的路上，让我们被迫做出艰难的抉择。面对命运的威胁，我们是否动摇过，是否迷茫过？面对残酷的现实，我们是否哭泣过，是否想过放手？若是这样，何不停下来，仔细思量和选择属于我们的幸福呢？

当你正处在一条错误的努力道路上时，请学会停下来，歇歇脚，回顾一下自己一路走来的风景：有前车之鉴为什么不汲取教训，非要撞到南墙才回头？一个人经历的越多，就越能清楚地认识自己，了解自己。路的方向错了，懂得转身从头再来，一步一个脚印还来得及。

我们必须意识到：努力和坚持只是增加你成功的可能性，并不是因果关系。很多时候，方向的选择才是你走向成功的决定因素。错误的选择，盲目的坚持，只会带来一事无成的后果。所以，当你发现自己坚持的方向是错误的时候，放弃未必是件坏事。

当我们停下来时，一定不要忘记：停下来，是为了重新出发，让未来的自己感谢现在的自己所做的思考。我们不能放弃梦想，但可以改变方向，停下来，是为了找到真正正确的方向，当我们再次坚定未来的方向，那条路上一定会充满希望，洒满明媚的阳光。

做出自己最明智的选择

对于人生路上的一次次抉择，相信每个人最大的愿望就是：做出最明智、最正确的选择。然而，就是这么简单的一句话，实现起来却是千难万难，相对于整个人生的长度，人们所能看到的未来实在太过短暂。

正因为没有人能够预知未来，所以没有任何一个人敢在做抉择的时候，说自己的选择是最正确的。但是，即便如此，人们也并不会因此而在抉择的时候陷入彷徨。面对不可知的未来，人们还有另外一种武器去应对，那就是对自己的了解。决定人生方向的，其实不是抉择本身，而是对自己了解和把握的程度。也许抉择会影响过程，但最终决定结果的，是人们是否能够了解并把握自己。

对于每一位拼搏在成功路上的朋友来说，学会洞察人生，认识自己，并且发现自己身上的长处，找到用武之地，从一定意义上说，是我们的人生是否辉煌的一个关键所在。无论你现在正在做什么，还是你打算要做什么，对于事业刚刚起步或者将要起步的我们，寻找到自己的闪光点，无疑是最重要的。

找到了闪光点，我们就可以在那里挖掘出无穷无尽的宝藏；找到了闪光点，我们就可以最大限度地发挥自己的才能和智慧。人生最大的悲哀就是一生也无法认清自己，找不到自己的闪光点，越是把握不好自己的闪光点，就越容易被眼前的利益所蒙蔽。

如果连自己的优点都看不清楚，更不用说看清自己的缺点了。生活在这样一种状态下，可以说是对生命的一种践踏，是对宝贵生命的一种浪费，对于每一位渴望成功的朋友来说，这是最残酷的现实。

所以，无论你现在从事什么样的工作，或者学习什么专业，都需要好好思考，看看自己的优点在哪里，究竟适合在哪一块土地上生长。同时，你需要仔细分辨脚下的那片土地，看它是否适合生长，你的人生是否能绽放出最绚烂夺目的光芒。

这些问题的关键，是我们是否能够真正地认识自己。我们要想走向成功，就应该知道自己的优势是什么，然后将自己的生活、工作和事业发展建立在这个优势之上。许多认清自己的人，都能做出正确的选择，并最终取得了人生的辉煌。

当年，湘潭有一位细木匠，姓齐名纯芝，人称"芝木匠"。平日里，他在家乡附近揽些雕花的木工活儿，因为心灵手巧，做出的东西总显得比别人的精致许多，渐渐有了名声，上门定做家具的人络绎不绝，他也有了可观的收入。

但"芝木匠"并不是个容易满足的人，看见别人画像，觉得有意思，自己偷偷跑去学了几次，然后就毛遂自荐跑去给邻居亲友画像，居然也能画得让人赞不绝口。在当时，不像如今的拍照技术可以放大做遗像，家里有人去世，全靠画师画遗像。但是，普通的画师不愿接这个活儿，因为要对着死人画画，还得把死人画成睁眼的样子，觉得晦气。

而"芝木匠"为了挣钱养家，也为了提升自己的技艺，从不嫌这活儿晦气和丧气，有求必应，照单全接，一时间十里八乡的有了丧事，都会来找他。

对这位多才多艺、勤勤恳恳的小青年，有人早就留上了神，不忍心眼睁睁地看着他大好的天赋被白白糟踏，就主动找上门来，问他："你愿不愿意学习正宗的绘画？"芝木匠实话实说回答道："读书学画，我是很愿意，只是家里穷，书也读不起，画也学不起。"

来的这个人两眼一瞪："那怕什么？你要有志气，可以一边读书学画，一边卖画养家，也对付得过去。你若愿意的话，等这里的活做完了，来我家里找我！"

"芝木匠"自然知道这话的分量，面前这个人正是鼎鼎大名的本乡绅士、人称"寿三爷"的画家胡沁园。"芝木匠"二话没说，当即行了拜师之礼，磕头敬茶，认下了这位技艺非凡的画家师傅。

这位"芝木匠"，就是日后大名鼎鼎的绘画名家齐白石。这一次由木匠转行学画画的选择，可以说是他做出的一个非常明智的选择。若非如此，他可能会做一辈子的木匠，即便靠着心灵手巧有所成就，但无论如何也无法与齐白石的绘画成就相提并论。

当然，齐白石的这个选择之所以明智，与他对自身的了解和日后的坚持是分不开的。因此，我们首先要了解自己的爱好和天赋是什么，其次要清楚自己能否持之以恒地坚持下去。面对选择的时候，如果我们能够清楚以上两点，无论做出怎样的选择，都是最明智的。

Chapter 2 / 南辕北辙，
只会跑得越快，错得越多

如果没有道德的约束，才华会沦落为罪恶的帮凶。而奋斗与拼搏这样的正能量，如果方向错了，结果也只会有一个，那就是沦为负能量。如同逆水行舟这件事，虽然励志，但假如目标是在下游，你的努力只会和目的地渐行渐远。

方向错了，怎么走都不对

英国一个叫东约克郡的海边小镇上，居民们在距离海岸大约800米的草原上意外发现了一头死去的鲸鱼。在往常，一头鲸鱼的死在这个小镇不足为奇，这里每年都有许多鲸鱼因为种种原因搁浅而死。但这次，这头鲸鱼死去的位置却在小镇上引起轩然大波——足足800米，它是怎么从岸边过来的呢？

更让人们奇怪的是，这头鲸鱼的身上没有任何伤痕。这么一个庞然大物，为何会出现在距离海岸如此远的草原上？后来，经过动物保护组织部门专家的深入调查，发现海岸边的沙滩和草皮上，都有重物滚动碾压过的痕迹。原来这头鲸是在被海浪冲上岸搁浅后，希望能通过翻滚身体回到海中，不幸的是，它弄错了方向，向着草原一路翻滚过去，直至精疲力竭而死。

这头鲸鱼的死，不能不说令人惋惜，它选择了错误的方向，并且一直努力下去，最终丢掉了性命。惋惜之余，我们也要看到这头鲸鱼身上内含的哲理。其实，生活中有不少人就像这头鲸鱼一样，在错误的道路上越走越远，自己却浑然不觉，最终无法收场。

比如，我们收到一份自己并不太中意的岗位聘书，怕拒绝就会错过机会，于是硬着头皮去上班了，结果工作越干越不顺，不仅不出成绩，还患上了焦虑症……

再如，许多创业者在企业发展陷入瓶颈时，总会用马云那句"今天很残酷，明天更残酷，后天很美好，但是绝大多数人死在明天晚上"来自我麻痹，宁愿疯狂给自己打鸡血，蒙着头往前冲，也不愿静下心来思考企业发展的方向是不是出了问题，最终一败涂地……

这些发生在现实生活中的活生生的例子，难道不是那头鲸鱼的缩影吗？不论是职场还是人生中的各种选择，如果在错误的方向上努力，是不可能有好的结果的。正如那头鲸一样，虽然是在努力改变现状，但结果反而离自己想去的地方越来越远。

在别人眼中，郭小雅是一个幸福的小女人，有一个年轻有为的丈夫，一个活泼可爱的女儿。但是，谁也想不到，她的幸福婚姻受到了威胁，与她同舟共济的丈夫背叛了家庭，与另一个女人有了暧昧不清的关系。

虽然伤心欲绝，但郭小雅仍心存希望，要等着丈夫有一天回心转意，但是越等越看不到希望，却又不愿放弃，精神上的折磨让她好像换了一个人。她向公司请了长期的病假，整天躲在家里不想见人，晚上流泪失眠，白天萎靡不振，甚至有点疑神疑鬼，连女儿也不照顾了。

一天，郭小雅在洗脸时无意地抬头发现自己脸色发灰，眼角居然出现了细纹，两鬓的头发竟然有几根白了。她突然觉得很恐怖，如果这样下去，她的人生就完了，她还不到30岁，因此她下定决心改变自己。

她为自己写了一份"解放公告"贴在墙上，内容大概是：

解放了，不用担心你找不到钥匙，进不了家门，不用等你到深夜，甚至半夜还面色憔悴；不用再因为你不在而苦苦等你，胡思乱想你晚饭后去了哪里逍遥，可以自己上床好好睡觉。

解放了，不用再操心你的臭袜子，不用再告诉你酒后回家注意安全，更不用在晚饭后打电话催你早回……一向唠叨的我以为患了"多语症"，现在突然不治而愈，变得充满阳光。

解放了，不用再问你最想吃什么，不用再问你喜欢我穿什么，不用浪费难得的假日等你回家团聚。有了这么多的时间，我可以去逛街，想吃什么就吃什么，想去做什么就做什么，带着女儿去公园坐坐、去书店看书、去郊外爬山，行走于田间，生活突然自由自在了！

写着写着，她突然发现自己好轻松，为什么自己之前就那么死心眼呢？离婚有什么不好呢？以前以为是悲剧，现在才知道这原来是另一种美丽的开始。她果断去了律师事务所，经过一番奔波，拿到了过去视之为"洪水猛兽"的离婚证。

从那之后，郭小雅就像换了一个人，开始重新审视自己的价值，塑造自我，这就像凤凰涅槃一样在欲火中获得重生。她的心里只有一个念头：多亏离婚了，要不然我什么时候才能享受到这种美好的生活呢？

情感的失败可能会使你陷入迷茫，但如果选择了错误的方向，你将永远阴暗下去，对于一个人而言，错误的目标只会带来错误的坚持，错误的坚持只会让我们迷失在追求梦想的道路上。庆幸的是，有些人发现了，并纠正了，也有的人一辈子都没有发现，在错误的道路上跌跌撞撞，最终一败涂地。要记住，处处有着人生的开端，未来的路还很长，不能两眼一抹黑在错误的道路上浪费生命，那只会毁掉你的未来。

毕竟，人的时间和精力都是有限的，无论是个人情感还是职场，在错误的道路上坚持探索，恐怕只会浪费自己的生命。因此，如果发现自己走在错误的道路上，走错了方向，一定要及时采取措施，转变方向，否则怎么走都是错的，更不可能实现自己的梦想。

可怕的不是失败，而是纵容失败

奥格·曼狄诺在《世界上最伟大的推销员》这本书中写下这样一段话："当你认识到做错了事，走错了路，应该做的是及时地改正错误，调整方向，而不是为错误而不断地懊悔。因为，过去的已经过去，你再也无法重新设计。而后悔，又会让你失去现在的机会。牛奶既然已经打翻，就不要再为它哭泣。"

失败是每个人都会遇到的经历。特别是年轻人，失败会像沙滩里的石子一样多。我们一定要学会承受失败，处理失败，既不能对过去的失败耿耿于怀，走不出来，更不能因为遭受打击而默许了失败的现状，故步自封，放弃抵抗。

大家都玩过益智类的闯关游戏吧？如果第一次通过关口时你失误了，下次你便会注意，纠正自己的错误，这样才会顺利通过。但是，如果你通过失误关口时除了耿耿于怀、深深自责之外，不采取任何纠正措施，怎会通关呢？

一片沙漠中央，有一个小村庄，因为自然条件恶劣，尤其是缺水，这里的人们生活得十分艰苦。

有一天，一个旅行者来到这里，他看到当地条件的恶劣，便劝当地人不如离开这个地方，到环境好一点的地方生存。可是当地人告诉他："这个地方被下了魔咒，他们并不是不愿意离开，而是尝试过很多次都没能走出去。无论怎么走，到最后，他们还是会回到出发的地方。"

这个旅行者不相信，他既然可以从外边来到这个地方，自然也能从这里抵达外边，他对于村民的话很疑惑，决定找一个当地人试一试。

他让一个小伙子带路，准备齐全后就出发了。经过半个月的跋涉，一座村庄出现在他们的眼前——他们又回到了这个村子。

原来，他们在沙漠里绕了一个大圈。这个旅行者终于明白村庄里的人为什么走不出沙漠了，因为他们根本就不认识北极星。也就是说，这个村子里的人不懂得利用星星辨别方向。

后来，他告诉那里的人："白天休息，夜晚朝着北方那颗最明亮的星星前进，就可以走出沙漠了。"

他们再次出发，终于走出了沙漠。村民们终于意识到，长久以来"被下了魔咒"的这个传说，其实只是失败的借口而已，可能是很久以前某个尝试离开的人绝望之时编造了这个谎言传说，以此来掩饰自己的失败。

这种做法无疑是相当愚蠢的，没有人能保证从不失误，也没有人可以永远顺利。也许你曾经失误，也许你犯下过不可原谅的错误，但是人生的路还很长，只要你抬起头，一切向前看，与过去说再见，全新的自己一定会走向成功。

无论是在生活还是在工作中，我们每个人都难免会遇到各种各样的困难，关键是我们面对困难时所选择的态度。有的人选择逃避，有的人选择积极面对，不同的选择注定了截然不同的结果。

例如，在工作过程中，总有那么一些遇到困难之后喜欢找借口互相推诿的人，他们这么做，是企图来减轻自己的工作压力。但是，这种自私的做法会严重影响到整个团队，进而影响到公司的战斗力和经营业绩。我们不妨试想，如果整个团队成员都学会了找借口，公司除了很快垮掉外，似乎没有其他的发展可能。

很多时候，我们会说："我放弃了，是因为遇到了无法克服的难题，想要认输了……"也许这个理由听上去冠冕堂皇，并且这样振振有词的人大有人在，所以很多时候，我们似乎已经习惯了这个借口。一旦遇到困难，首先想到的就是找借口推脱，推卸自己的责任。要知道，这是成功道路上最大的敌人，如果抱着这样的态度对待奋斗道路上的难题，成功对你来说，永远都是遥遥无期的。

在一个没有勇气面对困难的失败者眼里，做一切事情都是有风险的。但是我们一定要知道，一个人一生中如果纵容自己沉湎于失败的阴影，其实就等于丧失了一切潜在的机遇。如果你能够勇敢地迎接挑战，并且通过自己的努力克服困难，就会更加有成就感。其实，我们心里都明白，困难就像弹簧，你弱它就强。事情往往就是这样，如果你勇于面对，克服困难，完成工作后你就会发现，事情并没有原先想象的那么困难。

无数的生活经验告诉我们：每个人的一生中总会遇到艰难险阻，通往成功的道路上，风险几乎无处不在，困难比比皆是。当一个人正处于企图利用逃避来躲避内心的危机感之时，正是走入危险境地的开始。我们要想生活在一个没有任何困难、风险的世界，只能是一个无法实现的幻想。

生活中，有许多沉湎失败、纵容失败的人，他们常常会纠缠在过去的失败中，"一朝被蛇咬，十年怕井绳"，无法重新定位、调整自己，无法逾越心中的鸿沟，不能超越自己的人，永远也不会有所超越。

要知道，过去只是一种经历，任何时候都不能因为过去的种种而放弃前进的路。面对失败时，最好的处理方法就是把其中的经验找出来，其他所有的负担、自责都要一并丢掉，把经验保存下来，然后一切清零，重新开始。

绕远了路，哪怕抵达也是错误

"我已经尽了最大的努力，但还是失败了。"很多人在面对失败的时候，都会用这句话来抱怨自己的处境。然而事实上，你真的已经付出了所有的努力吗？

许多人认为，自己要想办成一件事情，前提是必须依靠自己的全部力量，只有很少人会考虑到，如何运用身边可以运用的力量。例如，向身边的亲人、朋友或者同事请教，寻求他们的帮助。这个世界并不是非要单打独斗，如今大家都崇尚团队精神，更能说明这一点。学会向别人请教，寻求别人的帮助，远比自己一个人抱怨要有效得多。

很多时候，明明借助他人或者团队的力量就可以轻松成功的事情，非要自己硬扛下来，最后筋疲力尽，就算成功了，也浪费了大量的时间和精力，就好像放着好好的捷径不走，非要绕远走更难的那条路，这样的成功已然打了折扣。

在日常生活和工作中，很多事情仅仅靠自己一个人的力量很是难成功的，还需要利用好身边能为我们提供帮助的客观力量。诚然，想要凭借自己的努力获得成功并非错误的想法，但是在我们遇到困难的时候，学会寻求别人的帮助比自己一个人抱怨要明智和有效得多。

常言道，"一个篱笆三个桩，一个好汉三个帮"，正是在告诉大家寻求帮助以及合作的重要性。当然，我们说依靠客观力量的帮助，不等于是要放纵我们的依赖性。依靠有时候会是积极的，而依赖则是消极的。尽最大的可能运用周围可以运用的力量并不等于依赖，这是我们在日常生活里应该注意的。

　　有个小故事说的是一个小孩搬石头，石头很大，超出了他的力量。父亲在旁边鼓励：孩子，只要你全力以赴，一定能把这块石头搬起来的！孩子使出浑身力气，最终也未能搬起石头，他告诉父亲：我真的已经拼尽全力了！父亲回答说：你根本没有拼尽全力，因为我就站在你旁边，而你却没有请求我的帮助！

　　这个小故事虽然简单，但却让不少人恍然大悟——全力以赴这个词的意思，其实就是想尽所有办法，用尽所有可用资源，而不是简单地用尽自己的所有力量。

　　无论我们是在职场中还是在生活中，都应该记住这句话。很多时候，我们之所以没有成功，并不是因为我们没有努力拼搏，而是因为我们不懂得运用身边的力量。我们每个人如果想把一件事情做好，就要学会利用一切力量。这句话看起来简单，实际上它的内涵非常深刻，值得我们每个人去思考。

　　我们知道，人互有长短，很多时候你解决不了的问题，对你的朋友或是同事而言就是轻而易举的，你可以把身边的所有人看作你的力量和资源。面对困难，我们抱着顽强的态度与执着的精神固然不错，但一定要记住，一个人的力量毕竟有限，借用你周围人的力量，可能会使你更快、更好地完成，寻求别人的帮助，也可以用一个武术术语来形容，那就是借力。

　　所谓借力，就是学会"借用"自身拥有以外的各种资源，以帮助自己实现那些仅依靠自身的力量无法实现或很难实现的目标。大多数时候，我们的梦想往往都远远超出我们现有的能力，因此我们需要开阔思路，利用更多资源，融汇各种思想，汇集身边源源不断的资源。

　　对于那些我们所没有的资源，就要学会去借，学会求助于别人。从这个角度来说，我们可以把自己以及身边的资源分为两种：一种是专有属性，指的是资源的所有权；另一种是他属性，指的是资源的使用权，既可以被资源的所有者使用，也可以被其他人使用。那些我们缺乏的资源，可以看作我们缺乏的是资源的所有权，但可以巧妙地用好这个使用权，这就是巧妙的"借力打力"，这样的可以帮助我们实现更远大的目标和梦想。

任何人都离不开别人的帮助，无论是日常生活还是职场，没有谁是独自存在的。所以，我们必须像别人给予我们的那样对别人提供力所能及的帮助。人必须互助，必须是自觉性地互助，以尊敬、感谢及关切来回报，这其实也是团队精神的精华所在。

每个人的时间和精力都是有限的，因此我们要学会平衡，学会借力，学会利用身边所有可以利用的力量来做事，而不是单打独斗。团队精神其实就是一种互帮互助的精神，这样才可以实现一加一大于二的效果，让大家的力量得到更好的发挥。

原本借助他人的帮助或经验可以很快达成的事情，偏偏要独自承担，苦苦坚持，浪费大好时间，无异于舍近求远。学会寻求帮助，其实是让我们学会有序地相互合作。在工作和生活中，我们可以借师长的经验、借专家的知识、借公司的指导、借伙伴的需求等，让我们能够利用的资源最大化，更快实现自己的梦想。

不必追求别人口中的成功

"我已经做得够好了，为什么还有人有意见？"你的心中是不是常有这样的疑惑？其实，别人对你有意见是很正常的事。"横看成岭侧成峰，远近高低各不同。"这是苏轼《题西林壁》中的句子，意思是从不同的角度欣赏山，山便会展现出不同的姿态。世间事物都是这样，展现在不同人的眼中，经过不同的思维加工判断后，就会得到不同的评价。

我们不能期待所有的人都说你好，假如所有人都说你好，其中一定有因某些原因而被迫的人。回忆一下，当你的老板做出决定，全公司的人表面上鼓掌欢迎，私下里是不是还总有那么几个人持反对意见呢？就连《选举法》也不会要求候选人全票才可以当选。这说明，一个人做任何事都不会得到所有人的赞同，没有必要强迫自己做到最完美。

一位画家画了一幅自己认为很满意的作品，画完之后，他将画拿到市场上展出。

画家在旁边放了一支笔，并向每一位前来观赏的人说："如果您认为此画有欠佳之笔，就在画中做记号标出。"

晚上，画家回到家里，发现整个画面都涂满了记号，没有一笔一画不被指责。他十分不快，对这次尝试深感失望。

第二天，画家决定换一种方法试试，他摹了同样一幅画拿到市场上展出，要求观赏者将最为欣赏的妙笔标上记号。

晚上，画家再取回画时，发现画面又涂满记号，一切曾被指责的笔画，都被换上了赞美的标记。

画家不无感慨地说道，"我现在发现了一件有趣的事，那就是：

不管干什么，都无法使全部的人满意。"

的确是这样，每个人都有自己独立的思想，我们所做的不可能让所有人满意，即使自以为做到了完美，也会有人指出这样或那样的错误，更何况世上没有至美的玉石，当然也不会有完美的人。因此，放弃别人的目光，不要在别人的评价中生活，把自己弄得疲惫，最终一事无成。

俄国哲学家车尔尼雪夫斯基说："既然太阳上也有黑点，人世间的事情就更不可能没有缺陷。""国学泰斗"季羡林也说："人生在世，每个人都想争取一个完满的人生。然而，从古至今，百分之百完满的人生是根本不存在的。"

一根青葱有它独特的味道，一棵小草也有一份新绿，一片枯叶也可化作肥料，一粒细沙也可成为建造高楼的材料……任何事物都有自己独特的价值，有值得欣赏的地方，所以我们没有必要为了别人而活，自我欣赏，并自信地生活下去，才能得到幸福。

我们在评价某个人或某件事的时候，通常都是从自己的角度出发。但是，这个世界丰富多彩，人与人的想法、喜好、追求本就不一样，我们不可能做到让所有人都满意，也没有必要非得让别人满意。

别人眼中的你，未必就是最真实的你。他轻视你，并不代表你就是差劲的，没有本事的；他不认可你，并不意味你就毫无价值。如果你觉得自己的生活是美好的，就不要在意别人的想法；如果你认为自己是正确的，也不要因为别人的指点而改变。我们只要做最好的自己，过自己最舒适、最喜欢的生活，现在的生活就是最幸福、快乐的。

在意别人的想法，就会让我们对自己产生怀疑，从而陷入矛盾和混乱。坚持自己，也许我们的选择并不是最好的，也许生活有些困难和挫折，那也是最真实的。我们无法让所有人满意，也没有必要让所有人满意，坚持做真正的自己，争取内心最想要的东西，这才是真正属于你的幸福生活。

Chapter 3 / 停下攀比，
成功是你自己的战役

　　生活中，一些人总是喜欢比较，而一旦走入盲目攀比的怪圈，则很容易令人心态失衡，误入歧途。尤其是在当今这个物质丰富、充满诱惑的现代社会，更要杜绝攀比心态，做到冷静理性、不忘初心。

人生只有一个宿敌，那就是自己

相信大多数人在童年时期都有崇拜的偶像，比如孙悟空、海贼王、多啦A梦等，这些卡通中的英雄形象，是我们童年梦想中重要的组成部分。但是当你长大，发现孙悟空只不过是一只传说中的猴子、海贼王并没有想象中的那么伟大、多啦A梦也没有神奇口袋时，那些美丽的梦便成了回忆，你也不再幻想成为那个你崇拜的人。

随着年龄的增长，我们对世界有了自己的认知，脑海中的英雄偶像也会随之改变。当然，有一个崇拜的领路人并不是坏事，但要分清这位领路人所领的路是否正确。现在，很多年轻人被明星的外貌、歌声甚至电视剧中的人物形象所吸引，不加选择地一味模仿，这种模仿让他丢掉了原本优秀的自己，打乱了本来幸福的生活，最终弄得满身伤痕。

彭帅是一个残疾人，小时候因为车祸失去了双脚，从小学到初中都是同学自发组织背他上学、放学，他觉得很温暖。到了高中之后，青春期的敏感让他越来越在意自己残疾的事实，慢慢地变得自卑自闭起来，总觉得低人一等，这种心态已经影响到了他的学习和生活。

留意到这些变化的班主任开始想办法鼓励彭帅，通过残联为彭帅介绍了好几位身残志坚的朋友，每个星期他们都会在一起聚会聊天，帮彭帅排解烦恼。这期间，朋友建议彭帅选一项爱好作为特长来培养。彭帅虽然不是很自信，但也开始锻炼身体。他很崇拜南非残疾人田径运动员"刀锋战士"奥斯卡·皮斯托瑞斯，但由于自己没有条件安装专业训练的假肢，于是他着重锻炼上肢力量，希望能参加运动会。

可是，天生柔弱的彭帅在这方面进展得并不顺利，几次比赛都没能拿到名次，他心灰意冷地选择了放弃，再次陷入低谷……

其实，生活中有不少像彭帅这样的人，即使没有彭帅的残缺，却依然找不到自信。在与偶像和比自己更优秀的人比较时，他们只看到了自己的缺点和不足，觉得任何人都比自己强。这种人在工作中常常畏首畏尾，生活中也不愿意担当责任，常常会把"我算老几呀"之类的话挂在嘴边。其实，这是一种极不自信的表现，而信心、勇气是力量的源泉，是一个人立于世界最好的助手。不要盲目地一味崇拜别人，要相信你是独一无二的，定能创造奇迹。

后来，彭帅遇到了另一个帮助他的残疾朋友小林。小林跟彭帅一样，双腿残疾，但是他从不灰心丧气，是个阳光帅气的小伙子，不但不因为自己是残疾人而自卑，反而喜欢打扮自己，一头飘逸的长发，再加上一副墨镜，给人的第一印象总是酷酷的。他爱好广泛，在一个中医学校学会了按摩，毕业后自己开了一家私人诊所，专门给病人推拿。此外，他还曾经和朋友组建了一支摇滚乐队，担任架子鼓手的角色，打出来的鼓点不知道感动了多少人。

他告诉彭帅，自己最近在学摄影，如果他愿意，也可以跟着自己一起学。彭帅对于摄影也很感兴趣，但没有信心，觉得摄影要走很多地方，拍很多景物，可是自己连脚都没有，根本不可能学好。

小林很严肃地告诉彭帅，事在人为，自己不仅没有脚，甚至连小腿都没有，可这并没有让他打消学习摄影的念头和信心。如果你还是男子汉，就鼓起勇气，跟着他一起学习摄影，自己一个没有腿的人都不怕，况且你只是没有脚，有什么好怕的呢？

在小林的鼓励下，彭帅终于下定决心要学摄影了。

第二天，小林拿来一部单镜头反光照相机，彭帅不由心里发虚，没想到小林这么快就实施计划了。难道真的让他去采景吗？虽然心里忐忑不安，但盛情难却，他只好硬着头皮接过相机。

彭帅长这么大从没摸过照相机，一切都得从零开始。小林很有耐心，一点点地教他，快门、光圈、对焦、运用光线……他把自己学到的东西全部教给了彭帅。彭帅一点点地摸索着、学习着。每次外出采景时，他们都要带着外伤药，假肢与肢体相连的部分，常常会因过度磨擦而出血。

但是彭帅一直坚持着。在小林的鼓励和带领下，他开始相信，正常人能做到的事，他也能做到。

彭帅爱上了摄影，一有时间就跟小林去户外采风。他的悟性极高，摄影技艺与日俱增。在一次摄影比赛中，他拍的作品获得了优秀奖，在班主任看来，这简直就是一个伟大的奇迹！

最终，彭帅以自己的意志力战胜了身体缺陷，创造了自己人生的奇迹。

阿基米德说："如果给我一个支点，我便可以撬动地球。"这虽然是一个不可实现的豪言壮语，但是阿基米德的勇气令人佩服。如果你也想成为这种英雄式的人物，那么就必须丢掉崇拜、羡慕的目光，切实地激励自己，坚定信心，相信走上舞台的你也会如明星般耀眼；进入办公室，你就是所有人中最出色的一位。

造物主在创造人类的时候，对每个人都是公平的。你只要丢掉怯懦、害羞，抬头挺胸地迎接每个挑战，便会成为别人眼中的偶像，创造属于自己的奇迹。

其实，大多数人都是凡人，没有"飞人"刘翔跑得快，也没有"巨人"姚明篮球打得好，但这并不影响我们竭尽全力跑出自己百米的最好成绩，打出自己篮球的最好水平。所以，别和别人比，和自己比就行，你管别人干什么，只要尽力争取做到最好就好。

　　我们最大的对手从来不是别人，而是自己。无论是在运动场，还是人生的漫漫长路，每个人终归要跟自己比赛，挑战自己，战胜自己，然后超越自己。不求与人相比，但求超越自己。你每天进步一点，一年后会是什么样子？十年后会是什么样子？只要我们努力，自然会得到应有的回报，这才是我们的幸福所在。

不要让攀比杀死自己的幸福

生活中，大多数人会觉得生活很累，毕竟这个社会的节奏越来越快，竞争越来越激烈，感受到有压力是正常的。但是，如果仔细分析累的原因就会发现：只有一小半的人是因为生存压力，而一大半的人则是因为热衷于与他人攀比而烦恼不已。

诚然，在喧嚣的物质社会中，人们很容易产生攀比心理，很少有所谓内心强大到有足够自信没有丝毫攀比之心的人。攀比引发的就是对生活的不满和抱怨，可以说，热衷于攀比的人，永远得不到幸福，在他们的内心，从来不会有"满足"二字。

人生在世，相互比较是正常的，但一味攀比，就不是一种正常心态了。当年周瑜嫉妒诸葛亮的才能，发出"吾不如也"的感叹——天外有天，山外有山。在那些足够强大的人面前，"吾不如也"其实并不寒碜，坦然承认就好。可悲哀的是，周瑜明明知道自己不如诸葛亮有谋略，但偏偏一味地去比较，最终心理失衡，陷进"既生瑜何生亮"的心理误区，活活把自己气死了。而且，喜欢攀比的人，通常总是拿自己的长处与别人的短处相比较，结果是越比心里越不舒服，认为自己比别人优秀却怀才不遇，甚至对那些比自己进步快、荣誉多的人产生嫉妒，继而生发怨恨，最终由心理失衡导致行为失范。

周一早晨，某公司的销售经理李恪突然向总经理提出辞职。鉴于李恪才华出众，业绩超群，总经理对他多方挽留，不但主动给他增加薪水，还承诺在短期内给他晋升职务。原本想跳槽的李恪最终打消了念头，留下来继续为公司服务。

这个消息很快传到渠道经理王晓培的耳朵里。王晓培想，我也是个不可或缺的部门经理，不如向李恪学习，总经理肯定也会给我升职加薪，以做挽留。

经过准备，王晓培走进总经理办公室，表示自己也想辞职。

不料，总经理非常爽快地答应了，毫不犹豫地对他说："那好吧！既然你去意已决，我也不好强人所难。祝您另谋高就，前程似锦！噢，对了，请你尽快补交一份辞呈给我。"

原来，王晓培一向表现平平，业绩不佳，好在他工作比较踏实，执行力很强，总经理虽然对他早有意见，但是一时间还真找不到适当的机会辞退。这次他主动送上门来，总经理正好顺水推舟。

常言道：嫉妒是万恶之源，而攀比正是嫉妒产生的温床。古往今来，多少悲剧就源于一时的攀比嫉妒。只有那些心胸宽阔、微笑面对生活的人，才能踏踏实实走自己的路，不与人盲目攀比。因此，他们始终能够处在一种超然境界。古诗有云：春有百花秋有月，夏有凉风冬有雪，若无闲事挂心头，便是人间好时节。这首诗所体现出来的境界，正是我们应有的好心态。

上面事例中的王晓培弄巧成拙，不但没有像李恪那样得到升职加薪的优厚待遇，反而连原有的职位也丢掉了。之所以落得如此下场，完全是由于他的盲目攀比之心。所以，无论是谁，都必须正确了解自己的定位，给自己一个恰如其分的位置。如果看不到这一点，一味地盲目攀比，就会对自己产生错觉，从而做出不理智的举动，最终搬起石头砸了自己的脚，葬送自己的幸福生活。

对于那些喜欢盲目攀比的人，我们不妨分析一下他们的心态：大部分烦恼抱怨是在与自己同一层面的人攀比时产生的。如果是与不同层面的人比较，则只会产生羡慕。比如，很多人羡慕明星拍电影挣钱多，羡慕球星打球赚得高年薪，但也只是羡慕，而不会与他们一试身手，更不会产生抱怨。

大多数人不是嫉妒比自己很强的人，而是嫉妒与自己相同或相近的人。爱攀比的人们往往容易对身边的人不服气，常常和一个层次、一个圈子的人做比较。乞丐不会妒忌百万富翁，但会妒忌比自己混得好的乞丐。人们往往允许一个陌生人的发迹，却不能容忍身边同事的晋升，因为同一层次的人存在对比、利益的冲突：为什么一样的学历，他提拔得就比我快？为什么干一样的活，他的奖金就比我高？其结果就是——越比越不服气。

生活中，我们不要总和别人比，要学会和自己比。我们追求快乐没有错，问题是我们总追求比别人快乐。你已经比过去好了很多，突然发现有人比你现在还好，你的快乐突然就没了，你追求的是一种"比别人快乐"。

然而，我们必须面对的事实就是：这个世界上，永远有别人比你快乐，你所追求的"最快乐"永远无法得到，所以你在烦恼、嫉妒、焦虑和不安的折磨中，产生了一种深深的抱怨心理，觉得自己一点都不幸福，这都是在跟别人"比"时多出来的欲望导致的。太多的欲望是痛苦的源泉，解决的唯一方式是不要企图比别人拥有更多，只要和自己的过去相比有所进步，就足够了。

总而言之，生活中，我们要做到少攀比、不抱怨，做好自己的事，过自己最好的生活。做一个心胸开阔的人，正确看待自身与他人的差异，既不要低估自己，把任何人看得比自己优秀；也不要盲目自信，毫无自知之明地贬低他人。我们可以用自己的实力战胜对手，但不要因别人的权力、财富、地位等产生不平衡心理。生活中，有太多的快乐和幸福等着我们，我们没有时间愤愤不平，也没有时间幸灾乐祸，更没有时间评论别人，我们更专注于自己的追求，只求自己内心的充实，才是幸福的真谛。

成功就是告诉自己"我可以"

在会飞的昆虫中，大黄蜂的身躯可以说是十分笨重的，而它的翅膀却是出奇短小。依照生物学理论，像大黄蜂这样的昆虫绝对飞不起来。专家从物理学方面分析：大黄蜂身体与翅膀的这种比例设计，用空气流体力学的观点来说，同样是绝对没有飞行的可能。总结起来就是说，大黄蜂这种生物根本不可能飞得起来。可是，在大自然中，只要是正常的大黄蜂，没有一只是不能飞的。事实上，大黄蜂飞行的速度，并不比其他能飞的动物差。这种现象似乎是大自然和科学家开的一个很大的玩笑。

最后，社会行为学家找到了答案：很简单，那就是——大黄蜂根本不懂"生物学"与"流体力学"。每一只大黄蜂在成熟之后，就很清楚地知道，它一定要飞起来觅食，否则就会被活活饿死。这正是大黄蜂之所以能够飞得好的奥秘。

大文豪托尔斯泰说过："如果你自己愿意躺下，没有任何人能够扶你起来。"很多时候，无论对手和他人如何轻视和敌对你，只要你勇于面对，敢于对自己说："我可以的！"那么，这世界上就没有做不成的事情。相信自己一定可以做到，并且敢于付诸实践，成功的定义就是这么简单。同样的道理，如果你连自己都不相信可以实现自己的梦想，怀疑自己是否能做到，那么基本上没有实现梦想的可能。

这个道理虽然简单，却并非人人都能做到。试问：当艰巨的任务摆在你面前时，你能够充满信心地勇敢上前吗？当经受了许多次挫折后，你仍然能对自己最终达到目标的信心毫不动摇吗？当周围的人都瞧不起你，认为你是个"废物""无能之辈"时，你仍能坚信"天生我材必有用"吗？

如果你的回答是肯定的，就说明你有很强的自信心；如果你的回答是含糊的，甚至是否定的，你就需要锤炼你的自信心。自信心是激励我们实现伟大志向的一种信念，真正有自信心的人，不会拒绝别人的提醒和建议，不会因别人提出了尖锐的意见就恼火、沮丧。他们有海纳百川的度量，也有改过自新的勇气，相信这只能使他更完善，取得更大的成功。

当年，林肯在参加总统竞选时，有记者问了这样一个近乎刁钻的问题：假如，现在由你和你的竞选对手自己来投票决定总统人选，你会把这关键的一票投给谁？竞选对手耸了耸肩，很平静地回答：我拒绝回答这个问题，谁能当选总统，这应该由伟大的民众来决定。而林肯却勇敢地向前迈了一大步，大声说，他会把这一票投给自己，因为只有他才最适合做领导人。最终，林肯当选为美国第十六任总统，并且做出了卓越贡献。

这就是自信。自信是一种相信自己一定能行、只要努力迟早能成功的决心。只要有了这样的信心，就可以做到像林肯那样坚定和果断，所以每个人都应该把握自己的命运，按照自己的意愿，去过一个无悔的人生。

自信是一种力量，无论身处顺境还是逆境，都应该微笑、平静地面对人生。有了自信，生活便有了希望。哪怕命运之神一次次把我们捉弄，只要拥有自信，拥有一颗自强不息、积极向上的心，成功迟早会属于你。

那么，我们应该如何建立并强化自己的自信心呢？首先，学会关注优点，这有助于提升我们从事这些活动的自信。其次，树立自信的外部形象，保持整洁、得体的仪表，举止大方。最后，不可过度谦虚，该站出来的时候就要勇敢承担责任，这样才能不断激发潜力，通过一次次的成功增强自信。

做到以上这些，我们就能够拥有强大的内心和足够的信心去支撑实现梦想。如果你也曾因为缺乏自信而放弃某件事，那么就从今天开始，让自己改变想法，永远相信："我一定能行!"

自信其实是一种心理暗示。如果总是觉得自己不行，做不到，这种暗示就会在潜意识里影响我们的身体和心理，无法发挥自己能力。充满自信的人也会通过心理暗示激发自己的潜能，带来能力的超常发挥。只要你勇于对自己说"我行! 相信自己"，并且敢闯敢干，世界上就没有做不成的事情。

你的优秀，不需要通过别人来证明

我们身边有这样一群人，对于别人的请求从不拒绝，哪怕自己再难也要满足别人的需求。他们的世界中根本没有自我，别人说什么就听什么，还以"人在江湖，身不由己"给自己的迎合寻找理由。的确，在日常工作、生活中，应酬是无法摆脱的事，但如果每天都在"帮助"别人而迷失了自己，那又有什么意义呢？

现在，社会上这样的人并不少，他们最初的目的只是保住自己的位置、形象，无论别人提出什么要求，他们都会勉为其难地完成。他们本身的负担已经够重了，可还是要打肿脸充胖子，无论是谁的要求都会照单全收，最后连自己是谁，自己的工作是什么都忘记了。

张磊是某传媒公司的平面设计人员，很有才华，做事也勤快，但是有一个问题：当别人向她提出请求时，她从来不懂得拒绝，有求必应，而且尽心尽力去完成。她非常在意别人的看法，如果拒绝，同事和上司就会疏远甚至否定自己。

因此，办公室中常常响起这样的声音："小磊，帮我把文件粉碎了！""小磊，我的传真你收一下。""小磊，帮我点一份午餐。"……办公室中的每个人，都习惯于把自己的工作顺手转给张磊去做，张磊也觉得自己人缘很好，很受欢迎。久而久之，张磊成了全公司最忙碌的人，但也成了工作效率最低的人。

一天，她手头有一份方案需要马上处理。正在她着急赶工的时候，宣传部的小张满面微笑地走进门，张磊不由得心中暗叫"不好"。她低下头，装作翻抽屉的样子，心想：我的工作已经快完不成了，不能再答应帮他了。

可是，当看到同事堆满微笑的脸时，她就不知道怎么拒绝了。"好的！"两个字不由自主地又说了出来，张磊懊悔万分，却不得不暂时放下手头的工作，开始帮同事整理材料。

结果，设计部长安排上报方案的时候，张磊只得抱歉地对部长说："对不起，我还没有完成。"

部长一下子就火了，他在电话中冲着张磊大喊："你整天到底在干什么！为什么每次方案提交，你都是最后一个！从进公司到现在，哪个任务你不是最后一个才完成？你做事太没责任心了，如果再这样继续下去，就自己递交辞呈吧！"

张磊挂了电话，伏在案子上默默流着眼泪。她在心里暗暗责备自己：为什么总是不懂得去拒绝呢？明明是想要得到更多人的认可，结果落了个"没有责任心"。

其实，这种极度渴望得到别人认可的心态，把她自己变成了给别人"打杂跑腿"的义务工，最终把自己的本职工作丢在脑后，变成被别人利用的工具。以牺牲原则为基础的助人，就是自我毁灭。一个人如果把自己的价值定义为得到别人的认可，就不可能成就自己。

有些人常常会觉得自己是生活在聚光灯下的，仿佛世界上所有的目光都在凝视着自己，因此总是不由自主地迎合别人的目光生活。例如，他经过考察找到一个好项目，可是别人却说"不可以"，他便停了下来，因为害怕别人异样的眼光。

如果你永远希望得到别人的认可，那就永远不可能实现自己的梦想。俗话说，"成功属于第一个吃螃蟹的人"，我们成功的唯一前提，首先就是要得到自己的认可。如果连自己都不认可自己，还如何走出一条属于自己的成功之路呢？

"女子十二乐坊"乐队之所以能够红遍大江南北，在国际上闯出一片新天地，是因为这支乐队的背后，有一位英明的策划人——王晓京。他曾经一手捧红了崔健、陈琳等大腕明星，培养"女子十二乐坊"时也只有一条原则，那便是坚持走一条属于自己的路。

当传统民乐成为一种流行时尚时，王晓京脑筋一转，想到把古典民乐和现代表演嫁接在一起。他从中国各大艺术院校中筛选出12位熟悉古筝、扬琴、琵琶、竹笛、葫芦丝等中国乐器的靓丽女子，组成一支以流行音乐形式演奏中国音乐的乐团，其表演形式有别于传统民乐演奏方式，给观众以新鲜感。

但是，没想到"女子十二乐坊"一出道，古典民乐学派便传来一片批评声。

"民族音乐的魅力在于音乐，并不是摆弄乐器的那个人。这12个女子青春靓丽，衣着打扮又鲜艳，实在是喧宾夺主，把音乐本身给湮没了！"

"音乐表演得有个度，女子十二乐坊的电声味太浓了，终究不是民族音乐的主流方向，是非正宗、非主流。"

面对种种非议，王晓京只做了简单的解释："'正宗'是什么？难道音乐都该像20世纪五六十年代那样，一个穿着朴素甚至孤苦无依的老人坐在黄昏的大桥旁咿咿呀呀？现在的世界在变，音乐有创新才有活力。"

经过一番努力，"女子十二乐坊"在北京相继举办了"魅力""奇迹"专场音乐会。她们具有感染力的音乐、充满震撼力的表演及富有创新精神的民乐组合形式，得到国内外专业人士的认可，红透了半边天。

规矩、金科玉律只是一种标准、法则和习惯，遵循标准和常理的人，总是规矩最忠实的践行者，但注定了一辈子要踏着别人的脚印走路，毫无创意可言。另辟一条蹊径，走别人没走过的路，我们的人生才会与众不同。

　　每个人都有自己的生活，我们不能在别人规划的圈子中寻找自己，那样只会让自己迷失方向。谁都不会代替你去生活，所以你应该学会理性地分析别人的要求、眼光、意见，并加以筛选，取精华去糟粕，才能找对自己的位置，走出一条属于自己的成功之路。

无须为他人的无知买单

　　生活中，我们都会有这样的体会：很多时候，总是容易被别人的看法或是一些事影响到自己的情绪，气不打一处来，烦恼不已，甚至大发雷霆。殊不知，生气是用别人的过错来惩罚自己的愚蠢行为，与其被属于别人的琐碎事情所困扰，毫无由来地生气，还不如静下心来，多思考自己眼前的问题。正如莎士比亚说的那样："不要因为你的敌人燃起一把火，你就把自己烧死，发怒烧到的只有你自己。"

　　无论是在生活还是职场，只要我们留心观察，随时可以找到正在因为别人的原因而生气的人：商场里，顾客也许正在和业务员吵架；大街上，司机也许正因交通堵塞而愤怒不已；公司里，业务员也许正在发脾气抱怨仓库系统流程出现了问题……类似这样的事情，不胜枚举。那么，不妨反过来看看我们自己，是否动辄就上火发脾气？是否让愤怒成为生活中的一部分？

　　然而，一个显而易见的事实就是：即使我们发再大的脾气，做出再激烈的反应，难道就能挽回已经发生的事情吗？事实正好相反。如果我们因生别人的气而大哭一场，只会把自己的眼睛哭得红肿；如果我们因生别人的气而喝闷酒，也只能伤害自己的身体。这其实都是在拿别人的错误惩罚自己，无异于在为他人的无知买单，这样一来，我们所做的不但没有解决问题，反而把问题搞得更加复杂了。

　　也许你会为自己的愤怒和抱怨大加辩护："人嘛，总有生气发火的时候。""我要不把肚子里的愤怒宣泄出来，非得憋死不可。"在这样的借口下，你时不时地放任内心的怨气，甚至为了一些鸡毛蒜皮的事情大动干戈。但是事实上，我们心里都清楚：愤怒之后情况就会有所改变吗？不会。让我们抱怨发火的事情，都是因为自己的过错吗？不是。

既然生气、发怒不能改变既定事实，且又不是我们的错误引起的，我们何苦要跟自己过不去呢？何必为别人背上沉重的包袱呢？何必为了别人犯下的错误承担责任呢？其实，只要肯换个想法，换一下视角，每个人就会有新的感悟和境界。

有这样一个小故事，说是一群人比赛谁能爬上村子里最高的那棵树。这件事引来全村人的围观，人们议论纷纷："这太难了！绝对爬不上去的。""树太高了，从来没有人敢爬这棵树！"

听到这里，有些人便放弃了，但是还有不少人继续爬，底下的人又继续说："这太难了！村子里的老人也没听说过有人能爬上去的……"就这样你一言我一语，越来越多的人退出比赛。

但是，有个人始终在往上爬，越爬越高，当其他人都无法再前进的时候，他却成为唯一到达顶点的选手。其他的人都想知道，他是怎么做到的，于是便跑上前去询问，才发现原来他是个聋子，根本听不到围观的人在说什么。

故事很简单，但也需要我们思考：嘴巴是别人的，人生却是自己的。很多时候，我们因为别人无知的言论或者做法而影响到自己的情绪，甚至改变人生方向，这其实是一种愚蠢的做法。

我们不必做个真正的聋子，但要永远充满希望、乐观和积极，不要听那些消极、悲观的话，也不要因为别人的无知和错误而让自己生气、抱怨，因为他们只会泼别人的冷水、浇熄你的毅力。

在现实社会，即便遭受旁人无情的冷落、批评、否定甚至排挤，也不代表你就必须唉声叹气、自怨自卑。唯一能否定你的人，只有你自己！对周围的人和事，我们无须耿耿于怀，要学会给自己吃"宽心丸"。

　　每当我们因为种种情形而生气的时候，伸出手指指责对方的同时，你留意到了没有，其余三根手指是指向自己的。这就提醒我们：因为别人的无知和错误生气，受伤害最大的还是我们自己。无论什么时候，都要记住一点：我们不能让自己的情绪只停留在问题的表面，必须学会远离别人带来的负面影响，用乐观的心态迎接人生。

　　人生路上，我们一定要坚守自己的方向和目标，不要过多地考量别人犯的错误，更不要在寻求他人对自己的理解中消耗过多的时间和精力，而要从被动地适应他人中解脱出来，否则你就是在为别人的无知和错误埋单，最后被伤害或者失去的是自己而不是别人。

　　当别人的错误影响到我们时，一定不要因为生气而影响自己的选择。因为，生气就等于是用别人的过错来惩罚自己，你所要做的是把别人的错误化为自己向上的动力，鼓足劲提高自己，让别人心服口服。控制好自己的情绪，少为别人的无知生气，我们才能把自己的命运牢牢掌控在手中。

Chapter 4 / 只会低头的人，
怎能看到辽阔的星空？

我们常说，低头看路是一种清醒，代表脚踏实地的务实精神。但我们可不要忘记，梦想远在天边，征途是星辰大海；脚下虽有路，却始终没有方向；只会低头的人看似勤奋，实则只是蛮干。因此，我们要学会抬头看天，闪耀的星辰会为我们指引前行的方向。

别因目光的局限，把自己困在方圆之地

对于年轻人来说，社会与学校不同，这里可能充满利益关系，可能面临分配不公，而最初做事的我们，更会因环境、合作伙伴和自身能力等出现差错，最容易出现的一个反应便是抱怨。

其实，抱怨是无济于事的，事情已经过去了，只有停止抱怨，才会超越自己。但是，有些人的确不会怨天尤人，往往把矛头指向自己，觉得之所以会失败，是因为自己做得不够好，把所有的一切都归咎于自身，然后陷入悔恨、内疚之中。

某大学教师吕莎莎在任教期间发现这样一个问题：班上的许多学生会为自己已经出来的成绩感到不安。他们总是在交完考卷后充满忧虑，担心自己不及格，乃至影响了下一阶段的学习。为了开导这些同学，吕莎莎给他们上了这样一堂难忘的课。

一天，吕莎莎把这些学生召集到实验室。在给他们讲课的过程中，她把一瓶牛奶放在桌上，然后沉默不语。学生不明就里地看着老师，不知道这瓶牛奶和他们要上的课有什么关系，只是静静地等待着。

忽然，吕莎莎站了起来，一巴掌将那瓶牛奶打翻在地。学生都很惊讶，纷纷议论说牛奶就这样被浪费掉太可惜了。

这时候，吕莎莎一字一句地说："不要为打翻的牛奶哭泣。我希望你们永远记住这个道理，牛奶已经流光了，无论你们怎样后悔和抱怨，都没有办法取回一滴，而且劳心费神，分散精力，没有一点益处。我们现在所能做到的，就是把它忘记，然后把注意力集中在下一件事。"

　　吕莎莎运用著名的"不要为打翻的牛奶而哭泣"的实验告诉学生：即使你再懊悔，它已经被打翻了，就算你再哭泣，它也不会恢复原样。很多事就像那杯被打翻的牛奶一样，一旦发生，就绝对不会因为你的内疚而改变。所以，当你遭受挫折，一直沉浸于内疚的痛苦中无法自拔时，只能阻碍你前进的脚步，浪费自己的时间，遭受更大的损失。

　　泰戈尔说："如果你为错过太阳而流泪，那么你也将错过月亮和星辰。"漫漫人生路上，我们不会把事事都做得完美，一定会留下许多遗憾，但这些遗憾即使你再后悔、再抱怨，也是无法改变的事实。我们不能穿越回到过去，逝去的就让他逝去，再伤神也无济于事，更不要带着这种内疚的心情面对未来。

　　吴良康是一位古董收藏爱好者，几乎到了如痴如醉的地步。他的家里堪比一个古董店。尽管如此，吴良康每次碰到心爱的古董，即使无购买能力，他都会想尽一切办法得到它，可见其痴迷程度。

　　这天，吴良康在古董市场上花了大价钱买下一件自己向往已久的青花盖瓶。他把这件宝贝绑在自行车后座上，高高兴兴地骑车回家了。谁知，走到半路，突然听到"咣当"一声，青花盖瓶从自行车座上滑落下来摔得粉碎。

　　后面骑车的路人赶紧停了下来，他以为吴良康肯定会从自行车上跳下来，对着已经化为碎片的瓷瓶扼腕痛惜。但是让人意想不到的是，吴良康连头也没回，继续向前骑车。路人以为他不知道，便大声喊道："老人家，你的东西摔碎了！"

　　吴良康头也没回，径直往前走了。

　　路人见此很是纳闷，赶上前问道："我说你的东西摔碎了，你没有听见啊？"

"听到了"，吴良康侧身和路人笑着说道："刚才听声音，我就知道是青花盖瓶摔了，而且一定摔得粉碎，可我回头看它又有什么用呢？再怎么呼天抢地，青花盖瓶也不会自动复原，干吗还要费这个力气呢？再说，天快黑了，我家远着呢，还是先赶路吧！"

"碎了"便是结果，有了结果就是终结过去。这个世界本来就是不完美的，怎能因为要求完美而自怨自艾、停步不前呢？青花盖瓶虽是吴良康的最爱，但摔破之后就已经无法挽回了，与其责怪自己不小心，或者抱怨别人疏忽，还不如洒脱一些，过去的就让他过去吧！

智者从来不会为自己的过失而悲叹，他们的时间是用来汲取教训的，这样自己未来的路才会走得更顺畅。人生是在不断的失误中前行的，人不能总活在过去，错了就错了，即使自责，历史也不会改写。正在你因为错过太阳而内疚的时候，也许你还会把月亮和星星错过。

抬头，让眼光再长远一些

　　古时候，铁匠在铸剑的时候会反复锤打烧红的铁块，锤炼的次数越多，最后打成的剑弹性越好，越锋利结实，最后才能成为一把绝世宝剑。很多人喜欢吃手擀面是因为它的筋道，面块在擀面杖的作用下经过反复碾压，最后被压成极薄的面饼，然后叠在一起一刀一刀地切成小条，只有经过这个过程的手擀面才具有它独特的味道。人生也一样，没有一夜成名、一夜暴富，成功之路非常漫长，急功近利之人是难以得到真正的成功的。

　　急功近利之人多在追求眼前利益，他们可能会在短期内达到自己的目标，做出一些成绩，但就长远来看，这些人太过看重"眼前"，目光短浅终难成就大事。

　　这一天，某一监狱来了三个新囚犯，他们的关押期限是三年。

　　监狱长是一个好人，他看到新来的三个囚犯都年纪轻轻，有些同情他们，便说："你们三个有什么愿望吗？我可以满足你们一人一个愿望。"

　　先开口的是一个美国人，他是一个抢劫犯，说："给我1万美元，有钱就是万能的。"

　　监狱长爽快地答应了，让人拿来1万美元，递给了这位美国人。

　　第二个犯人是一个俄罗斯人，他说："没有酒，我一天也活不下去，希望你可以给我20箱伏特加。"

　　监狱长想了想也同意了，给俄罗斯人搬来20箱伏特加。

　　最后一个犯人是犹太人，他说："监狱长，如果你可以给我一部能随时与外界联系的电话，我将非常高兴。"

监狱长很想满足这个愿望，但是想到在监狱里私自和外界联系，是会被加刑的。他为难地说："这个不行，你要其他的吧。"

犹太人摇摇头："监狱长，我就要一部电话，其他的我什么都不要。"

最后，监狱长答应偷偷地帮助他。

三年后，这三个囚犯刑满释放。

美国人因为在监狱里常常和人赌博，他的钱花光了，还常常遭人毒打，满身是伤；俄罗斯人喝酒过多，得了肝硬化，被医生抬着出来；犹太人则是面带微笑，看起来轻轻松松的。

犹太人走到监狱长的面前说："谢谢你当初的帮助，是你让我在监狱这段时间依然能够很好地处理外边的事业。为了感谢你，现在我想满足你一个心愿。"

监狱长笑笑说："我不需要你的感谢，不过我倒是有一个愿望，那就是你以后好好做人，以后别再来这种地方了。"

"谢谢，如果你不嫌弃的话，那请你接受我送你的劳斯莱斯吧。"犹太人一边说，一边朝监狱门口扬了扬手。

监狱长回过头去，看到一辆非常昂贵漂亮的劳斯莱斯停在监狱门口，顿时惊呆了。

一万美元、几箱伏特加是那两个囚犯的目标，但是当他们轻而易举就得到时，他们已经迷失了自己。而犹太人要的一部电话虽然什么价值都没有，但是他却用电话一直打理着外面的事业。这个故事告诉我们，有时急功近利只能让自己被暂时的满足而蒙蔽，只有做好长远打算，才会取得更大的利益。

常言道："台上一分钟，台下十年功。"只有积累了满满的实力，才会取得更大的利益。一夜出名的明星不在少数，可是结果怎样呢？没有真正的实力，总有一天会被淘汰。日子是一天一天过的，那些"一口吃成个胖子"的事儿绝对不靠谱，别让一时的利益蒙住双眼，细水长流才会收获更多的成功。

孟乔波一开始只是湖南益阳一个小镇上的茶摊摊主，当时的同行和茶客经常跟她聊家乡一些大茶商的发家之路，不少同行整日里都在憧憬自己飞黄腾达的样子，甚至烧香拜佛祈求好运。

而孟乔波从不聊这些不着边际的东西。她只知道，只有茶摊的生意好了，自己才有可能获得下一步的发展。她特意采购了比别家大一号的茶杯，从来都笑脸相迎，因此她的茶从来都是卖得最快的。

孟乔波虽然嘴上不说，但是心里非常清楚自己的目标是什么。三年后，她把卖茶的摊点搬到益阳市，又过了三年，她的茶卖到了省城长沙，摊点也变成了小店面。当年那些曾经在她面前吹牛的同行，依然在小镇上看着茶摊，做着飞黄腾达的美梦。

虽然已经发展得很好了，但孟乔波心里还有新的目标和打算，她默默地朝着这份理想努力着。为了提高客流量，凡是进店的客人，她必定送上免费品尝的茶水，好口碑让她的茶店生意越来越红火。

七年后，孟乔波坐在自己新加坡的连锁店里，平静而自信地向记者说道："在本来习惯喝咖啡的国度里，也有洋溢着茶叶清香的茶庄出现，那就是我开的。"

从湖南家乡的小镇到新加坡的街头，用孟乔波自己的话说："我的成功没有秘诀，只有坚持内心的目标，从小到大，一步一步做起来。"

梦想和成功往往是对未来的一种憧憬，是我们脑海中对将来的一种美好描绘。但这并不意味着梦想就是空中楼阁，是一副遥远的图像。真正有梦想并且致力于把梦想变为现实的人，都会在心中清晰地描绘出自己的梦想。梦想图像中每一处细节，他们都了然于心。这正是好高骛远之人与脚踏实地之人的本质区别。

那些最终实现梦想的人，都是拥有长远目光的人。有了长远的目光，才能够清楚看到自己梦想的细节。所以，对于梦想的模样和实现梦想的具体步骤，他们一开始就有着详细的了解和认真的规划。实现梦想之路的每一步，他们都看得清清楚楚。在他们眼里，每一步都是一个具体的奋斗目标，前行之路正因为牢牢盯着这些目标而具有明确的方向。

向前看，才能走出阴影

上天真不公平，我为什么总是找不到适合自己的工作呢？老板真不公平，我的职位为什么总得不到提升？客户真不公平，为什么跟我合作得好好的，却选择了别人？老妈真不公平，为什么总把好吃的留给姐姐？……人们常常会把"某某不公平"挂在嘴边，特别是一遇到挫折，这种心理便更加强烈，为什么人总在失败的时候去抱怨呢？

那是因为，人想从抱怨中得到自己想要的东西，如同情、理解、尊重，以达到自己的目标，但是怨天尤人真的有用吗？当然，那是根本没用的。

小时候，玛丽亚和奶奶一同住在乡下。玛丽亚的奶奶为人和善，经营着一间小小的杂货铺，每天都有很多邻居到杂货铺里和老人家谈心。当一些喜欢抱怨、爱发牢骚的邻居到店里买东西的时候，奶奶总是把玛丽亚拉到身边，让她听自己和邻居说话。

一次，邻居尼克来买烟，奶奶问他："今天怎么样啊？"

尼克叹了一口气说："不太好。你看，天气这么热，真是气死人了！这种鬼天气真要命！"

奶奶一面给他拿烟，一面附和着说："是啊，是啊！嗯……"

就这样，尼克抱怨了十几分钟，才离开杂货铺。

还有一次，邻居爱普生到杂货铺找奶奶闲聊，刚一进门就开始抱怨："大姐，我真是生气，以后我再也不想干犁地的活儿了！满是尘土还不说，驴子根本不听使唤。我现在浑身都是尘土，这活儿真是没法干了！"

面对爱普生的抱怨，奶奶仍然是笑呵呵地附和着说："是啊，是啊，嗯……"

等到爱普生发完牢骚离开小店，奶奶把玛丽亚拉到身边，问她："孩子，你听到这些人说的话了吗？"玛丽亚点了点头。奶奶接着说："每个角落都有这样一些爱抱怨的人，不管是穷人还是富人。孩子，你要记住：如果你对现状不满，那就设法改变它，如果改变不了事物本身，那就努力改变自己的心态。千万不要抱怨，因为抱怨解决不了任何问题。"

玛丽亚一直记着奶奶说的这番话。在成长过程中，不管她遇到多么大的挫折，也从不抱怨。最终，她依靠自己的勤奋和努力打拼出一片天地，成了业界有名的女强人。

成功者背后并没有什么秘密，他们只不过是利用别人怨天尤人的时间做了自己力所能及的事而已。谁都会遭遇失败，无论做什么事都会经受这样那样的阻力。有些人面对这些负面影响彷徨了，他们把责任推到别人身上，也许能逃避一时的责罚，但却失去了最宝贵的东西——失败的经验。

成功者从来不会为了推脱责任或者逞一时口舌之快而把时间用在抱怨上，他们总能很快发现失败的原因并及时纠正，抓住解决问题的最好时机，从而再次走向成功之路。失败后从自我检讨开始，听取他人的意见才会从失败中找到成功的钥匙，所有的委屈、抱怨都解决不了最根本的问题，反而会白白浪费掉你的宝贵时间。

日本最著名的高科技公司之一——京都陶瓷公司的创办人稻盛和夫在日本享有很高的声誉，但是在公司创办之初，他经受了很大的考验。

当时刚成立的京都陶瓷公司接到了著名的松下电子显像管零件U形绝缘体的订单，这对于该公司来说，就是兴起的希望。但是谁知道，与松下公司做生意是一件很不容易的事。商界对松下电子的评价是："松下电子最会鸡蛋里挑骨头。"

松下电子之所以签下新创办的京都陶瓷公司，就是看中了他们的产品质量好，所以才给了他们供货的机会。但是，在价钱方面，一点也没照顾，几乎每年都要求降价。对此，京都陶瓷公司的一些人有点担忧，他们觉得公司刚刚创办，如果再这样做下去，根本无利可赚，还不如放弃。

可是，稻盛和夫却坚持要做，他认为松下要求降价的难题，的确很难解决，但是选择逃避其实就是在逃避自己，只有积极主动想办法，才能找到解决的办法。

经过再三琢磨，稻盛和夫想到一个办法，他创立了一个全新的管理方式——"变形虫"经营，即将公司分为一个个"变形虫"小组，作为基层的独立核算单位，将降低成本的责任落到每个人身上。就算是一个负责打包的员工，也知道用于打包的绳子的价格，明白浪费一根绳子会造成多大损失。

这样一来，公司的运营成本大大降低，即便是在满足松下电子苛刻条件之下，京都陶瓷仍然有很大的利润可赚。他的这种方法，现在几乎每个企业都在推广。

很多人认为京都陶瓷面对大客户松下电子无休止的降价已经毫无办法，达到极限之后再怎么努力也是徒劳，但是稻盛和夫却想出用降低运营成本的方式成功地解决了这个问题。这说明什么？说明解决问题的关键不在于问题本身，而在于我们根本没用心去"想"，把时间都浪费在了抱怨中，什么样的困难也无法克服，因为解决问题需要具体的行动。

很多女人遇到问题常常会大哭："没法活了，老天太不公平了！"其实，上天对谁都是公平的。"上天给你关上了一扇门，一定会给你打开一扇窗。"怨天怨地不如看看自己，即使现在遇到了失败，经历了不幸，也不要把时间放在怨天尤人上。你的抱怨不会解决任何问题，如果想走出生命的阴暗期，就要加快你的脚步。

逃避问题，其实就是逃避自己

人的一生，不会永远顺风顺水，总会出现这样或那样的问题：怀才不遇、失恋、被老板责备、被朋友出卖……当面临这些问题时，你会怎么做呢？有些人选择了逃避，以为自己躲过去了，就什么事都解决了。

小时候，父母到了中午还没有回家，没饭吃的你可能就是那样等着。的确，等一会儿父母就回来了，可是在现在的社会中，你还能等着谁来给你"做饭"呢？

因此，不要消极地逃避问题，不要排斥你的对手，不要反感你所处的环境，无论你躲到哪里，一切都不会改变，你逃避的只有自己而已。只有积极参与竞争，善待和感谢对手，努力适应环境，一切才会改变，你才能变得强大。

我们不能怕晒就不出屋子，不能怕马路上车多就不走路，不能怕工作出错就不去工作。没有挑战的日子是无聊的，没有竞争的工作是没有发展的，没有对手的人生也是无趣的。当危难来临的时候，真正的强者是学会对抗，而不是躲避。

凡凡是家中的独女，从小就像温室中的花朵一样，受到父母的百般疼爱，因而性格十分脆弱，一遇到为难的事就唉声叹气。对于凡凡的这种性格，她的父母十分忧愁，就连她的家教老师也很头疼。

一天，家教老师给凡凡上完课，突然想到凡凡极弱的抗压能力，于是就把她叫到厨房，打算给她加一堂免费的"生存课"。

老师把同样多的水装入三个相同大小的锅里，然后分别在三个锅子中放入一根胡萝卜、一个生鸡蛋和一把咖啡豆，最后把三个锅的温度和火力定到一样的刻度上。弄好之后，老师对凡凡说："下面，我们一起来看看会有什么神奇的事情发生。"

凡凡好奇地看着那三个锅子，并按老师的要求细细观察着。20分钟后，老师将煮好的胡萝卜和鸡蛋捞起来，放到了盘子里，然后将咖啡倒进了杯子。一切都做完了，老师微笑地问凡凡："下面告诉我你看到了什么？"

凡凡心中暗暗发笑，说道："我能看到什么呀，不就是胡萝卜、鸡蛋和咖啡呗！"

"嗯，很好，下面你来用手、嘴巴来感受一下！"老师把盘子和杯子递给凡凡。

凡凡心想：这能感受到什么？还不就是胡萝卜、鸡蛋和咖啡吗？我天天在吃这些东西。虽然她心中有些牢骚，但还是按照老师的要求做了。她捏了捏，又尝了尝，然后一脸疑惑地看着老师。

这时老师让凡凡坐下来，十分严肃地说："你感受到了什么？本来硬硬的萝卜，现在软绵绵的像泥一样；本来一碰就碎的鸡蛋，现在却连原来是水状的蛋白都硬了；本来坚硬无比的咖啡豆，现在已经变软了，它的香气和味道都溶到了水中。凡凡你回忆一下，当时我把这三样东西放进同样大的锅里，加进一样多的水，用同样的火力加热，然后用了同样的时间，可是它们却有了不同的反应，对吗？"

凡凡听完老师的话，点点头又摇摇头，她的确感受到了变化，可是这些变化能说明什么呢？

老师明白了凡凡的疑惑，拍拍她的头说："我们的生活就像锅子加上水再放到火上一样，天天在受着煎熬。但是，不同的人在相同的环境中有着不同的感受。你是要像胡萝卜那样变得软弱无力，还是如鸡蛋一样变硬变强，或者像咖啡豆那样，身体受损却不断向四周散发出香气呢？孩子，你的人生掌握在你自己的手中，如果总是在温室中生长，你将难以承受周围的一切。生活的强者一般会直面磨难，并让自己和周围的一切变得更加美好。"

凡凡听完老师的话，陷入深思。

老师给凡凡上了一场人生课。通过这堂课，温室中的凡凡一定会有所成长。面对生活的煎熬，我们不要像胡萝卜一样变软，使生活更加辛苦；也不要像鸡蛋一样变硬，失去人生的变通；只有像咖啡一样，直面问题，接受考验，香气才会融入人生。

法国文学家巴尔扎克说："苦难是天才的垫脚石，对于强者来说苦难是一笔人生财富，而对于弱者，它则就是万丈深渊。"人生并不平坦，既然生活没有给我们风和日丽，那么我们就要学会迎战风雨。"铁经淬炼才可成钢，凤凰浴火才能重生"，与其在逃避中昏昏沉沉地度过一生，不如在有限的时间内创造无限的价值。

美国棒球界的最高明星罗德里格斯很小时候就喜欢棒球，但是在他最初接触棒球时根本就是一个一点儿天赋都没有的孩子。

一天，他头戴球帽，手拿球棒和棒球，全副武装地到了自家后院。已经练习了很多天仍没有打到球的他，一点儿也没有气馁的模样。他自言自语地说："我是世界上最伟大的打击手！"说完，他把球往空中一扔，用力挥棒，却仍旧没有打中。

小罗德里格斯整了整帽子，再次把球往空中一扔，大喊一声："我是最厉害的打击手。"他狠狠地挥动球棒，但是球像故意在气他一样，连球棒边儿也没挨着就溜走了。

"这是怎么了？"小罗德里格斯伤心地说。他呆呆地站在原地，"难道我真的不适合打棒球吗？"

时间"滴滴答答"地流逝着。很长一段时间，小罗德里格斯蹲下，仔细检查了他的球棒和球，然后又认真地整了整衣服，站起身决心再试一次。他一边扔球，一边大声喊道："我是无人能比的最佳打击手！"

但是，命运好像在和这个小男孩开玩笑一样，球棒又一次落空。突然，小罗德里格斯似乎明白了什么，突然跳起来喊道："原来我是一流的投手呀！"从此，他认真练习投球，终有一天成了最棒的棒球投手。

小罗德里格斯最初把自己定位为"打击手"并为之坚持着，但是随着一次次的失败，他突然发现，原来相比"打击手"，"投手"更加适合自己。虽然他的坚持没有换得最初梦想的成功，但如果他遇到挫折之初就放弃，这样就更不会发现自己成功的方向。世界上没有人可以预知未来，你的人生轨迹不会完全按照你的设想进行下去，因此，遇到挫折不要逃避，勇敢面对，只有挺过去了，就一定能让自己走向最终的成功。

挫折是人生路上的必备风景，问题是人生路上的必备补给，逃避问题，就是对自己的不负责，就是在逃避自己。

没有始终风平浪静的大海，也没有永远坦的大道，人生在世，遭遇凄风苦雨是一种自然，逃避就会把自己孤立起来。如果《西游记》中的孙悟空在被投进炼丹炉的时候经受不了打击而选择放弃在丹炉中被炼化，他也就不会拥有火眼金睛了。因此，如果我们想要让自己变得更强，就要学会勇敢和坚强，始终相信自己，积极迎接各种考验和挑战，从而丰富自己的经验，迎来精彩的明天。

Chapter 5 / 嫉妒使人丑陋，
只看别人，自然忘了自己

"自我评价"在人的一生中有着十分重要的作用，它能使一个人始终朝着正确的方向前行，以免误入歧途。

那些自我评价出现偏差的人，最明显的特征就是嫉妒心极强，他们只看到别人，却看不清自己；心里没有自信、坚定这些积极信念，有的只是忿忿不平与自怨自艾。这样的人，谈何进步呢？

眼睛盯着别人，又怎能看得到自己？

从小到大，相信每个人都有被拿来与他人比较的经历："你看人家小宝，比你还小呢，就已经会骑自行车了。"妈妈如是说；"成绩单出来了，你又比同桌差了一截。"老师如是说；"你们每天都是一样上班，怎么你的业绩比人家就是差这么多呢？"经理如是说……从小到大，从工作到生活，处处都是与人的比较。一张张联名表提醒人们，你活在世上，就要与别人做比较。因此，人们习惯了与别人相比，但是你的这把标尺准确吗？

虽然这把比较的尺子会督促我们努力、拼搏，但它也同样在无形中给我们自身制造了巨大的压力。这种压力在转化为动力的时候也会压得我们喘不下气来。我们不是别人，每个人都是一个独立存在的个体，无法变成别人，别人也永远不可能替代我们。

某培训公司的一次演讲中，讲师叙述了自己年少时的一段经历：

一年秋天，我和几个同学帮助老师家里摘苹果。当时，收苹果的商贩就在一旁等着，一个同学提议说搞个摘苹果的比赛，这样既能够提高效率，也能让干活变得有意思。几个人听后觉得很有趣，老师也同意，说一人先包一棵树，到时候谁摘得最多就奖励谁两个大苹果，其余的奖一个，并罚他表演节目。

大家选定了目标之后，便开始忙活。起初，几个人不分高下，等到低处的苹果摘完之后，我才发现自己落后了。因为我的个子比较矮，高处的苹果够不着。这时候，我看到邻树的同学爬上了树，于是我也一下子爬到了树上，一会儿就比他们摘得多了。可是，我只顾着往高处爬，想着即将得手的大奖，忽略了自己比邻树同学胖好多，他能爬上树梢，我并不能上。一会儿，不堪重负的树枝，就咔嚓一声断了，我跌倒在地上。

老师和同学都赶了过来，问我有没有受伤，我甩开他们的手说："没事，我继续比赛！我要得第一。"心里想着别人都超越了自己，我就又往树上爬。这时候，老师坚决不让我再上树，他把所有的同学都叫了过来，语重心长地说："每个人都有不同的特点，如果一味与别人争个高下而强迫自己，那是很危险的。你们只要摘自己够得着的就好了！"

演讲即将结束的时候，他说道："这些年，我一直都没有忘记老师说过的那句话。虽然我现在仍有竞争精神，但比过去更理智了。我知道，盲目地和别人比较，追求自己够不着的东西，就会让自己失望。"

《牛津格言》中有这样一句话："如果我们仅仅想获得幸福，那很容易实现。但如果我们希望比别人更幸福，就会感到很难实现，因为我们对于别人的幸福的想象总是超过实际情形。"与别人相比，只能让我们更加迷惑，看着别人比自己赚钱多、地位高，自己在一旁羡慕不已，又有什么用呢？就像朱德庸说得那样："人和动物是一样的，每个人都有自己的天赋，比如老虎有锋利的牙齿，兔子有高超的奔跑、弹跳能力，所以它们能在大自然中生存下来。人们都希望成为老虎，但其中很多人只能是兔子。我们为什么放着很优秀的兔子不当，而一定要当很烂的老虎呢？"

每个人都可以自由地支配自己，用不着在与别人的比较中确定自己的成就。坚持本色地做事，踏踏实实地走好每一步，只要今天的自己比昨天的更好就可以了，以自己做参照物而前进，是最理智的比较标准。不用与别人相比，更不用在乎别人比较的目光，我们是活给自己看的，没必要为了满足别人比较的目光而让自己陷入泥沼。

谁都愿意生得苗条，一个好身材不仅受人注目，而且自己也会觉得骄傲。奕珂没有好身材，但是她却凭着自己的努力取得了另人羡慕的成绩。

20年前，奕珂在北京上学，当她从花园中走过时，经常会有人在她身边说："这个女孩好胖，真丑！"这话她几乎天天都可以听到，也变得自卑起来，不敢和同班同学说话。因为她疑心同学们会嘲笑她，嫌她肥胖的样子太难看。

大学结束的时候，奕珂差点儿毕不了业，不是因为功课太差，而是因为她长得太胖，平时不敢穿裙子，不敢上体育课，甚至不敢参加体育长跑测试。老师说："只要你跑了，不管多慢，都算你及格。"可奕珂就是不跑，她知道，自己一旦跑起来，扭动胖胖的身子，一定会让更多同学嘲笑的。

每个年轻的女孩都是爱美的，但是奕珂害怕引起别人的关注和非议，所以她的衣服永远是黑、灰、蓝等沉闷的颜色，连碰都不敢碰那些浅色或者鲜艳的衣服。

一天，奕珂一个人在大街上闲逛，突然注意到远处的一个胖男孩，他穿着一套白色的衣服，显得非常帅气。而且，男孩在与身边的朋友边说边笑，看起来快乐极了。突然，奕珂发觉肥胖没有什么大不了的，自己过去因为太关注体重居然忽略了很多生活的乐趣，于是开始将自己的精力更多地投入书本、投入与朋友的交往中，穿着鲜艳的衣服，大大方方地与人说笑。

终于有一天，奕珂的理想实现了，她成为一名电视台主持人，以自己的才气走向自己理想的岗位。当有人问起她的胖时，她都会说："胖怎么啦，健康就好，胖自己的，又不碍别人的事。"

每个人都有自己的不足，在乎别人的目光，只能使自己变得疲惫。小时候，父母把我们与其他小朋友做比较，并大肆夸奖他人时，你是一种怎样的心情？当发成绩单时，所有的名字排在一起，你却在末尾时，又是怎样的心情呢？如果这种心情延续到工作之后，你的工作一定会受到影响，每天都在强迫自己与别人相比，但是你有那么多的观众去欣赏吗？日子是过给自己看的。

与别人比较，只能降低自己的信心，即使成功，也没有淋漓尽致的成就感，你的生活也不会获得幸福。当我们没有实力采摘那些高处的苹果时，无论多么渴望得到，多么羡慕别人所拥有的，只要客观条件不成熟，都必须学会暂时放弃。然后，通过务实的途径，追求事物的本质，等到自己的能力有了提高了，自然就会扣开成功的大门。

因此，与其在比较中痛苦地挣扎，不如干脆放弃与别人比较的想法，最有效的就是以自身为基准，今天比昨天更努力、更优秀、更幸福就足够了。

把嫉妒变成一种自我激励

出生时由于医生的疏失，我国台湾的黄美廉女士脑部神经受到严重伤害，自幼就患上了脑性麻痹症，以致颜面、四肢肌肉都失去正常功能。她不能说话，嘴还向一边扭曲，口水也止不住地流下，但是黄美廉女士快乐地用手当画笔，画出了加州大学艺术博士学位，也画出了自己生命的灿烂。

以黄美廉的成就，就是正常人一般都很难达到，更何况她是一位重度的脑性麻痹患者。但为何她看起来始终是那么快乐呢？她到底有什么秘诀呢？黄美廉到处办自己的画展，现身说法，告诉了人们。

一次演讲会上，有个学生直言不讳地问她："请问黄博士，您为什么这么快乐呢？您从小身有残疾，是怎么看待自己的，有没有过别样的想法？"对一位身有残疾的女士来说，这个问题是那样的尖锐而苛刻，但黄美廉朝这位学生笑了笑，转身用粉笔重重在黑板上写下一句话：我怎么看自己？

写完后，黄美廉回头冲在场的学生笑了一下，接着又在黑板上龙飞凤舞地写着自己对问题的答案。

一、上帝很疼爱我！

二、我很可爱！

三、我会画画、会写稿！

四、我的腿很美很长！

五、爸爸妈妈好爱我！

……

　　黄美廉一下子写出几十条让她热爱生活的理由，并且热爱得那样理直气壮。接着，她又在黑板上重重写下那句名言：我只看我所拥有的，不看我所没有的……笑容从她的嘴角荡漾开，一种淡然、傲然的神情溢满她的脸。

　　台下传来如雷般的掌声……

　　真正的强者从来不会关注身边的人有多么优秀，而是全身心地展现自己。嫉妒是每个人心中潜藏的恶魔，如果你嫉妒了那很正常，把嫉妒化为动力，它会督促你改掉缺点，走向成功，千万不要任由嫉妒情绪左右了自己的人生方向。

　　要知道，告别嫉妒之心，才会寻找到自己的幸福，可是怎样才能告别嫉妒呢？

　　首先，学会自我反省。懂得自我反省的人，往往不会有嫉妒心理，他们很清楚自己的长处，不会妄自菲薄，也很会自我剖析，总结反思自己的行为与心理，把嫉妒之心消灭在萌芽状态。

　　其次，学会正确的比较方法。嫉妒之心往往产生于与自己各项水平都差不多的人身上，所以与其嫉妒别人，不如取长补短，提升自己，千万不要以己之短与人家的长处做比较，那是错误且不公平的比较方法。

　　最后，保持心态平衡，三人行必有我师，哪怕之前你们水平相当，他已经进行了自我超越，而你还没有突破瓶颈，那是正常的，没有必要因此而嫉妒。但是，假如嫉妒心理已经产生，应该怎样化解呢？

　　化解嫉妒之心的最好办法，就是化嫉妒为动力。古语说："天生我材必有用！"不要把自己的同事或者朋友当成竞争对手，而要把这种嫉妒之心转化为一种前进的动力，学会欣赏别人，把嫉妒转化为一股正能量，使自己达到一种更高的境界。

为了募捐，玛莎所在的学校准备排练一部叫《圣诞前夜》的话剧。听到这个消息，玛莎第一个跑去报名，她十分渴望出演话剧中的"女儿"这一角色。可是，到了定角色的那一天，玛莎却被泼了冷水，剧组给她安排的角色是一只狗！

她告诉老师："张晓同学根本演不了主角，如果我演一定比她好。还有刘玲同学，常常在背后说您坏话，张山演戏的时候常常偷吃零食……"说着这些，玛莎越来越生气，甚至把道具室的锁眼儿塞进了粉笔，要让明天的演出演不成。

玛莎一脸丧气地回到家，整个晚饭都闷闷不乐的，还故意挑刺，一会儿说牛排不新鲜，一会儿抱怨土豆太淡，弄得一家人都没了胃口。饭后，妈妈把玛莎叫进书房，与她交谈了很久。

第二天，玛莎早早地来到学校，一点点地清出锁眼儿中的粉笔末，还把舞台整理得干干净净。她没有拒绝演狗，还买来了护膝，认真地排练。

到了演出的那一天，玛莎在台上自始至终都穿着一套毛茸茸的道具，手脚并用地在台上爬来爬去。她一会儿伸伸懒腰，一会儿又摇头晃脑，表演得十分到位，虽然没有一句台词，但是她的出现却吸引了观众的眼球，赢得了大家的好评。

后来，玛莎向人们透露了那天晚上她与妈妈的谈话。妈妈告诉她："如果你用演主角的态度去演一只狗，那么狗也会成为主角。"

当玛莎说"如果我演一定比他们演得好"时，她的嫉妒之心已经产生了，所以才会说同学的坏话，在锁眼中塞进粉笔。但是，妈妈的一句话点醒了她，"如果自己演得好，什么样的角色都一样优秀！"是的，我们在嫉妒别人的时候，往往会觉得生活不公平，为什么把一切好的都给别人，自己也同样优秀。但自己真的同样优秀吗？与其空说闲话、陷害他人，还不如把自己的优秀展现出来，化嫉妒之心为动力，让自己变得更优秀。

嫉妒会毁掉一个人，而因嫉妒产生的动力会让人精神十足，挑战自我，挖掘自身潜能。如果能找到自己身上潜藏的宝藏，那么所有的嫉妒、失意、惆怅便会不翼而飞了。每个人都不是一个人走路，总会在路上碰到那些让你嫉妒的人，那么就去把他身上令你嫉妒的长处学到手吧！或者展现你的长处让他去嫉妒。

嫉妒只会阻塞人的心性，让人变得迷惑。你之所以会嫉妒，是因为你的内心深处已经感觉到了危机，你所嫉妒的人的确有些地方要比你强。既然你已经感受到了有危机，那么有嫉妒的时间还不如马上行为，把嫉妒化为动力，变成你的优点！把嫉妒转化为一种动力，你会发现原来生活如此快乐，你要变成一个你佩服的自己！

人生最大的挑战其实是自己

在这个竞争激烈的社会，一个人要想获得成功，除了打败竞争对手外，更要不断地挑战自己。困惑是思考的动力，挫折更是走向成功的催化剂，没有磨难就不会获得荣耀，没有挫折就不会见证辉煌。

挑战别人是一种有目标的竞争。只要以别人为目标，然后向着目标努力就可以了。但是，挑战别人只能让我们比别人做得更好，根本无法取得属于自己的成功。如果想走出一条属于自己的成功大道，那就要挑战自己！

有人说，新出生的婴儿一降生就会游泳，因为胎儿是生活在羊水中的，但是为什么还有这么多不会游泳的人呢？那是因为，降生后的婴儿根本没有必要发挥游泳的实力，等长大了真的要入水游泳时，能力已经退化了。

在大山深处的一个村寨里，住着一位以砍柴为生的樵夫。樵夫的房子很破败，为了拥有一所亮堂的房子，樵夫每天早起晚归。五年之后，他终于盖了一所比较满意的房子。

有一天，这个樵夫从集市上卖柴回家，发现自己的房子火光冲天。原来他的房子失火了，左邻右舍正在帮忙救火，但火借风势，越烧越旺。最后，大家终于无能为力，放弃了救火。

大火将樵夫的房子化为灰烬。在袅袅的余烟中，樵夫手里拿了一根棍子，在废墟中仔细翻寻。围观的邻居以为他找的是藏在屋里的值钱物件，于是好奇地在一旁注视着他的举动。过了半晌，樵夫终于兴奋地叫着："找到了！找到了！"

　　邻人纷纷向前一探究竟，只见樵夫手里捧着的是一把没有木把儿的斧头。樵夫大声地说："只要斧头还在，我就可以再建造一个家。"

　　当一切已经化为灰烬，只要我们的梦想还在，激情还在，斗志还在，又有什么值得过度悲伤与气馁的呢？与其终日痛哭悔恨，不如放眼未来，从头再来。我们每个人都不会真正地输得精光，在无情的大火吞噬了我们的一切时，别忘了还有一把斧头。退一步说，即使没有斧头，我们还有自己。

　　人都是有很大潜力的。如果只是任其自然，不去挑战自己，能力也会慢慢退化，遇到困难就退缩，遇到挫折就逃避，通向成功的路只能越来越远，你永远无法到达。

　　美国人希拉斯·菲尔德先生退休的时候已经积攒了一大笔钱，即使他不再工作，也足够过上富裕的日子。但是，他突然有了一个新想法，要在大西洋的海底铺设一条连接欧洲和美国的电缆。

　　想法一出，他便全身心地开始推动这项事业。他首先做了一些前期的基础性工作：建造一条约1000英里（1609.34千米）长、从纽约到纽芬兰圣约翰的电报线路。

　　但是，纽芬兰400英里（643.74千米）长的电报线路要从人迹罕至的森林穿过，如果要做这项工作，就要建一条同样长的公路。此外，它还包括穿越布雷顿全岛共440英里（708.11千米）长的线路.再加上铺设跨越圣劳伦斯海峡的电缆，整个工程十分浩大。菲尔德使尽全身解数，总算从英国得到了资助。

　　得到资助后，菲尔德的铺设工作就开始了。电缆一头搁在停泊于塞巴斯托波尔港的英国旗舰"阿伽门农"号上，另一头放在美国海军新造的豪华护卫舰"尼亚加拉"号上。不过，就在电缆铺设到五英里（8.46千米）的时候，突然被卷到机器里，机器一运转便把电缆弄断了。

　　菲尔德不甘心，进行了第二次试验。试验中，在铺好200英里（321.87千米）长的时候，电缆中传输的电流突然中断，船上的人们在甲板上焦急地踱来踱去，好像死神就要降临一样。就在菲尔德先生即将命令割断、放弃这次试验剪断电缆时，电流又神奇地出现了。

　　这天夜里，船以每小时四英里（6.43千米）的速度缓缓航行，电缆的铺设也以每小时四英里（6.43千米）的速度进行。这时轮船突然发生严重倾斜，制动闸紧急制动，可是令人没想到的是，眼看就要成功的电缆线又被弄断了。

　　别以为这些能打败菲尔德，他再次购买了700英里（1126.54千米）的电缆，而且还聘请了一个专家，请他设计一台更好的机器。让两艘船对着从两岸出发开始分头铺设，之后两艘军舰在大西洋上会合了，电缆也接上了头。随后，两艘船继续航行，一艘驶向爱尔兰，另一艘驶向纽芬兰，在此期间又发生了许多次电缆割断和电流中断的情况，两艘船最后不得不返回爱尔兰海岸。

　　挫折不断地出现，几乎每个参与的人都有了放弃的想法，而且国民对他也产生了怀疑，投资者也打算放弃投资。但是，菲尔德没有放弃，他以百折不挠的精神和天才的说服力，使这一项目得以继续进行。

　　新的尝试又开始了。这次总算一切顺利，全部电缆成功地铺设完毕而没有任何中断，几条消息也通过这条漫长的海底电缆发送了出去，一切似乎就要大功告成，但就在举杯庆贺时，电流又突然中断了。

　　除了菲尔德和一两个朋友外，所有的人都绝望了，人们简直要抓狂。但是，菲尔德始终抱有信心，他废寝忘食地研究，四方救助，终于找到新的投资人，进行了新的尝试。当然，这次尝试成功了。菲尔德凭借他不畏挫折的精神，不断地战胜挫折，终于改写了历史。

　　日常生活中，你常会看到这样一些人，尽管面对似乎不可能战胜的挫折，却都能努力设法不停前进。这些人在前进过程中，技术日渐提高，力量不断壮大，能力不断上升，最终取得突破，而另一些却在诸如雪崩似的一系列困难面前倒了下去。挫折不会产生不可逾越的障碍，每个困难都是一次挑战，每次挑战都是一次机遇，战胜困难就等于抓住了机遇。

　　成功者与失败者的最大区别就是成功者敢于挑战自己，挑战别人，而失败者只能跟着别人的脚步前行。所以同，挑战自己才是通向成功的唯一途径。

不要让别人左右自己的人生

生活中，我们随时都会遇到对手，让生活面临巨大的压力和挑战。于是，在一次次你追我赶、你争我抢中，大多数人内心的平衡被打破。我们时常会遇到这样的事情：

当你获得升迁的时候，有人就会议论纷纷："他算什么东西，要不是走后门，凭什么升他的职"；

当你获得成功的时候，有人则会用发酸的口气说："就凭他也能成功，真是瞎猫碰上死耗子"；

当你收获一段美好的感情，也可能会传出"秀恩爱，分得快"的恶意讽刺。

……

生活中，总是无法避免这样的攻击和嘲讽，不免让人情绪急躁、大动肝火。于是，有些人就会及时反击，甚至会和别人争得面红耳赤，以眼还眼，以牙还牙。可是，结果又会怎样呢？往往是，争辩换来的是越抹越黑，让别人的看法左右自己，到头来弄得两败俱伤。既然如此，我们不如对这些人的攻击微笑处之，用一颗平常心化解这些敌意和攻击。正如心理专家海蓝博士说的："最简单的生活，就是做真实的自己，而不要太在意别人的眼光。"

太过在意别人，我们就会困住自己的步伐，无形中给自己增加更多的压力，背上沉重的包袱。人生在世，做自己喜欢的事情都嫌时间不够，为什么还要在意别人呢？我们不可能获得所有人的认同，如果只是在意别人的眼光，生活只能被别人左右。

没有人能够左右你的生活，除了你自己。别人的嘲讽也好，攻击也罢，只是前进道路上无关紧要的东西。只要你坚持自己，不断提升自己，成功自然可以让他们闭上嘴巴。

小雨就职于一家准上市公司，两年多以来，由于工作出色，她得到了领导的器重。不久前，小雨从一名普通的会计升任为财会小组长，工资也上涨了一大截。面对升职加薪这样的好事，小雨心里美滋滋的，上下班的路上都哼着小曲。

然而，小雨的好心情很快便被周围的"敌人"给破坏了。原来，和她同一部门的一个老员工心里不平衡，觉得自己在公司工作快5年了，还没有升职，凭什么这么好的机会让资历尚浅的小雨"捡"着了？于是，他对小雨的态度尖刻了起来，说话很不客气，有时还带着"刺"："有些人爬得真快，也不想想是谁在给她垫着背""人家年轻人长得漂亮，随便抛一个媚眼，就能得到老板的宠爱，咱可比不了"……

这些话传到小雨的耳朵里，她自然很清楚对方所指为何。为此，小雨别提有多气愤了，但她还是让理智控制了情感。办公室就几个人，她也不想搞得很僵，毕竟还要来往，而且自己也要发展和进步。于是，每当同事再对自己风言风语时，小雨都是嫣然一笑，继续埋头工作。

在理智的支配下，小雨顶着被别人否定和指责的压力，顶着空穴来风一般的造谣诽谤，努力地完善自己，不断地提升业务技能。由于工作成绩越来越好，她一次次得到领导的表扬。时间久了，那位同事也觉得小雨的工作能力的确比自己高出不少，便不好意思再说什么。

面对别人恶意的攻击，小雨不是撕破脸皮、恶语相向，而是努力地克制情绪，付之一笑，并不懈地提升自己，最终得到众人的认可和尊重。

　　不得不说，小雨是聪明的，因为她知道别人的嘲笑和讽刺，不过是嫉妒心在作祟罢了。如果自己情绪失控，反唇相讥，反而让事情变得越来越糟糕。一旦自己冷静下来，用淡然的态度对待这些攻击，别人任何的无理攻击和诽谤都会变得毫无用武之地。面对别人的攻击和嘲笑，最好的办法就是用实力证明自己。当你做到了真正的自己，取得了优秀的成绩，别人也就无话可说了。

　　生活中，很多人非常在意别人的看法，往往因为别人的质疑而停下前进的脚步，因为别人的嘲笑而失去信心，甚至因为别人的指指点点而放弃原本的梦想。可是，我们的生活并不是为别人过的，也不是给别人看的，为什么要让那些不相干的人来左右自己的生活呢？

　　生命是自己的，生活更是我们自己的。只要你愿意，你就可以过自己想要的生活，只要你心中始终想着一个目标，没有人能够阻止你。别人的嘲笑、讥讽，不过是过眼云烟而已。不管做什么事情，我们都应该让自己满意，不妨把别人的攻击和嘲讽看成是促进自己前进的动力。带着这样的认识，我们的内心会越来越强大，未来的路会越走越宽，生活也会越来越美好。

Chapter 6 / 沉湎过去，
无论多努力都走不到未来

　　古希腊哲学家赫拉克利特说过，人不可能两次踏入同一条河流。世间万物都在不断变化，逝去的东西一旦逝去，就不再有任何实质性的意义。

　　我们无须为昨日的纷扰困惑，只需要向前看，向着万物变化的方向看，就一定能看清未来的路。

走出过去，才能迈向未来

很多人喜欢回忆，无论回忆中的情景是喜还是悲，人们总会陷入那个过去的自己而无法自拔。为什么人们总是喜欢回忆呢？那是因为，人总是喜欢比较，把现在的自己与过去的相比较，舍不得丢掉那个过去的自己。实际上，无论过去怎样，我们都已经走过，或荣耀或屈辱，已被时间埋葬，现在和将来才是最重要的。

现代社会中，很多人做不到认识现在的自己，看看你的身边有没有那种把学历、资历常常挂在嘴边的人？他们守着过去自认为站在最前沿，殊不知已经被无数人超过。是否有那种沉沦在逝去岁月中的人，做事一万个小心，一旦出错就会陷入深深的懊悔。前者因为过分自傲在工作中无法进步，后者因为过分自责而纠结在过去的怪圈中，最终迷失了自己。

舒凡今年已经50多岁了，整日郁郁寡欢，最近在她身上发生了很多糟糕的事，让她身心备受打击：丈夫因病去世，女儿在一次外出采访时坠机身亡，儿子在工地被砸伤了脚，这一连串的打击让她的心都碎了，她不知道今后的路自己能否坚持走下去。

就这样在家待了一段时间后，为了生存下去，舒凡打算重新找一份工作，但是当这个念头冒出来的时候，她自己都震惊了：她已经50多岁了！谁会给一个老妇人提供工作机会呢？即便有人愿意，一个50多岁的老妇人又能干些什么呢？

她不停地担心别人嫌她老，担心别人嫌她动作迟缓，担心自己无法承受别人要求的工作强度……这一系列的担心更让她怀念过去，怀念丈夫在世的岁月。她由怀念而生悲痛，重新陷入丧夫丧女的阴影中不能自拔，结果病倒了。

于是，舒凡决定去看心理医生。了解到舒凡的病情和生活情况后，主治医生对舒凡说："你的病情太严重了，需要长期的住院治疗，但是你又没钱……我看这样吧，从现在开始，你可以在本院做零工，每天打扫病人的房间，以赚取你的医疗费用。"

反正没有比这更好的活法了，就目前的情况来说，自己似乎根本别无选择。于是，舒凡开始手握扫帚，每天不停地忙碌着。慢慢地，她不再担心什么，内心也恢复了平静，因为她实在太忙碌了。

寂寞、担忧被驱除了，舒凡的身体也好了起来。三年时间里，由于经常接触病人，舒凡对病人的心理也了如指掌，被院方聘认为陪护。贫穷开始向她挥手告别，她觉得自己新的人生要开始了。

舒凡的确经历了很大的打击，这是任何一个人都难以承受的。但是，逝去的已经逝去，人总不能活在过去的伤痛中，那些逝去的人也不希望自己的亲人一直痛苦下去！所以，无论有什么样的过去，都让我们对它说声"再见"，然后开始新的生活。

天地万物，自然轮回，我们生活在这样的世界内，必然要遵守生老病死、稍纵即逝的规律。认识现在的自己，并为将来的自己而努力，这是一个睿智的人应该把握的。正确认识现在的自己，了解自己的优劣势，走出过去的羁绊，你才能好好把握今天，不为明天留下遗憾。

一个富翁准备无偿对青年人传授致富经验，每月只会见一名。有个青年报名了一年多，终于得到机会，他兴冲冲地拜访了这个富翁。

一进大门，只见富翁悠然自得地坐在凉亭中，面前摆着3块大小不同的西瓜。青年有礼貌地行了个礼，富翁示意他坐下，说："你想要成为富翁，对吗？"

"是的！"青年坦诚地说。

"那么，你看我面前的几块西瓜，每块都代表一份利益，你会选择哪一块呢？"

青年看了看桌上，不假思索地选了最大的一块。

富翁笑笑说："好吧，现在你可以吃掉那块西瓜了。"

富翁把那块最大的西瓜递给青年，而自己却吃起了最小的那块。很快，富翁就把最小的那块吃完了，然后从容地拿起桌上的另一块西瓜得意地在青年面前晃了晃，大口地吃了起来。

青年马上明白了富翁的意思：富翁虽然选择了最小的西瓜，但是很快吃完小西瓜之后，再拿起另一块，最终比自己吃得多。

吃完西瓜，富翁对青年说："在我像你这么大的时候，我也跟你是一样的想法。可是后来，我懂得了一个道理：要想成功，就要学会选择，勇于放弃而着眼于未来。有时候，只有放弃眼前的利益，才能获取长远大利，这就是我的成功之道。"

富翁是一个懂得取舍的人。那个大块的西瓜十分诱人，就像我们总喜欢回忆的过去一样，只盯着它的话，利益反而会变小。因此，富翁选择放弃"过去"，才取得了今天的成功。我们应该给过去的自己举行一个完美的葬礼，让他随着岁月的流逝而淡化，今天的你才是最美的，要为未来的自己做最充分的准备。

现在，仍有很多人沉浸在昨天的梦中，昨天的自豪被他侃侃而谈至今；昨天的过失让他坠入混沌不可自拔。生命是有限的，时间不会等待你的蹉跎，太过于留恋昨天的生活，你便会失去今天，甚至失去未来。

与自己过去的性格、经历告别，带着一颗轻松的心态上路，你才会发现，今天与未来的自己才是最精彩的。

过去已经定格，转机只在当下

在生命的长河中，昨天已经消失，那个昨天的你也要随着时间而消失，今天的你才是你自己，把握好今天，你的理想才能实现。为了已经过去的事而忏悔、郁闷，或者对过去的荣耀念念不忘，这都是在浪费你今天的时间。

生活中，总有很多人认为：得不到的与失去的才是最好的。正因为这个想法，很多人迷失了自己，从而浪费了今天的感情、今天的精力、今天的一切。等到走过今天之后，又会发现今天所失去的才是最好的，由此又陷入不断后悔的怪圈。

一个孩子问一位充满智慧的老人："这个世界上，什么最珍贵？"

老人回答道："这个世界上，获得更多的人生快乐和成功最珍贵，但是一般人都没有办法得到。"

"那怎样才能得到呢？"

"只有依靠自己的力量。"

孩子与老人告别，开始了他寻找快乐和成功的旅程。从童年到青年，从青年到中年，他走遍千山万水，用尽所有的办法四处找寻，但快乐和成功仿佛在跟他捉迷藏一样。他越拼命寻找，就越是找不到，甚至越来越急躁，哪里还有快乐？

最后，他气急败坏、满脸绝望地决定放弃寻找，不想再没有目的地追寻世界上最珍贵的东西，可就在这时，他突然觉得自己变得轻松快乐了。他惊奇地发现，苦苦寻找的东西原来一直在身边，得到人生最珍贵东西的方法就是——"珍惜现在"。

"珍惜现在"会使人幡然醒悟，"逝者不可追，来者犹可待"。哪怕你每天都在回忆中生活，你可回不到过去，昨天的幸福你已经无法享受，昨天的失误你也无法纠正，唯有抓住今天，在飞逝的时间中找寻到自己的位置。只有找到今天的位置，才能为自己创造一个不一样的未来、不再懊悔的昨天。

我们生活在一个不断变化的空间中，每个时间点都不会为我们而停留，只有把握好这一个个流逝的时间，才能体会到生命的喜悦，实现理想，成就未来。生命就像一次旅程，我们不能见到什么东西都装在包裹中，也不能因为某一处的景点美丽而停下前进的脚步，唯有一步步地前进，欣赏前进路途中的好风景，才能找到更多的美景。

一个背着沉重包裹的青年，千里迢迢地跑到若空大师的面前，满脸疲惫地跪在大师面前说："大师，请您救救我吧！我每天执着、坚强地追求，无论是长途跋涉的辛苦，还是历经艰辛的疲惫，都难不住我，各种考验也不能吓倒我，但是我为什么总是觉得孤独、痛苦和寂寞呢？"

若空大师没有回答青年的问题，而是指着他背后的包裹问："你的大包裹里装的是什么？"

"哦，"青年打开包裹说："这些都是我生命中最珍贵的。你看，这是我每次跌倒时的痛苦经历，这里是我受伤后哭泣的记录，这是我孤独时的抱怨……凭着这些东西的鞭策，我才能来到您这里的。"

若空大师没说什么，他带着青年来到河边，一起坐船到了河对岸。

"好了，现在我们可以赶路了，你把船背起来走吧。"

青年惊讶地问："我为什么要背船呀？"

"你不是把所有的经历都装进背包了吗？现在，船帮你过了河，你可以背起它来赶路了。"

青年没有背上船，他只是放下背包，向若空大师深深鞠了一躬，然后轻松地踏上路程。他的步履变得轻快多了，再也没有感觉到孤独、痛苦和寂寞，生活充满了阳光。

若空大师看着青年远去的背影，微笑着自言自语："过去可以给你制造回忆，但你不能把回忆当作包袱，那样你的梦想永远只是个梦而已。"

青年背了太重的过去，而失去了今天的快乐。就像我们常常要定期清理电脑中的文件，如果不清理，文件越堆越多，电脑的速度也就越来越慢。久而久之，我们无法再装进新的东西，电脑也会被累到死机。如果你希望你的理想可以实现，希望你的生命变得轻松一点，就要懂得告别过去，放下那些多余的、束缚的负担以及你曾经珍重的荣耀，这样你才能以一个全新的自己前进在生命旅程中。

戴尔·卡耐基在作品《人性的弱点》中为全世界的人指引了方向，他为所有因为今天的生活而苦恼的人们制订了一份计划，让人们能把握今天，享受今天，为未来做铺垫。

"今天我要以行动来升华我的心灵，我要学习，不让心灵空虚；我要阅读书籍，提高修养。"

"今天我要做三件事：一、默默地为某个人做一件好事；二、做一件我以前不愿做的事；三、做一件以前不敢做的事。做这些事的目的，只是为了锻炼我的勇气和勤勉，让我不致懈怠。"

"今天我要让自己看起来更美丽，我要穿着得体、举止大方、谈吐优雅。我要多予赞赏，少做批评，不让自己抱怨，不去挑任何人的毛病。"

"今天我要全心全意地过好这一天，不去想我整个的人生。一天工作12个小时固然很好，可如果想到一辈子都要这样度过，我自己都会觉得恐怖。"

"今天我要制订计划。我要计划每小时要做的事。可能不会完全按照计划实现，但我还是要计划，为的是避免仓促和犹豫不决。"

"今天我要给自己留半个小时的时间静息片刻，让自己思考一下我的人生。"

"今天我要很开心，只有现在才能给我带来无尽的幸福和快乐。"

……

总而言之，今天的一切都会变成昨天，唯有把握住今天，活在当下，才能创造一个属于自己的未来。昨天已经逝去，成功和失败已经不那么重要，但你今天所有的作为都会决定你的未来，从昨天的生活中走出来，你才能获得新生，变得充实而完美。

如果总是纠缠过去，今天你就无法幸福

不知从哪本书上看过这样一句话："昨天的痛，已经承受过了，有必要反复去兑现吗？明天的痛，尚未到来，有必要提前去结算吗？只要肯用行动去充实生命中的每一个'今天'，勇敢向前，机会才会在柳暗花明间。"这句话是否会使那些纠缠于昨天伤痛的人们读懂什么呢？

生活中，我们常常会看到一些所谓"痴情"的人，他们为了已经分手的恋情而痛苦不堪，甚至一直纠缠着，打乱彼此的正常生活，自己的工作、生活更是一塌糊涂。这时哪怕身边已经出现那个生命中的MR.RIGHT，也会视而不见。有些人已经结婚,却对之前的恋人留恋不已，甚至藕断丝连，整日生活在纠结与不安中，根本不会体会到家庭带来的幸福。

宁达的奶奶去世了，奶奶生前最疼的一个孙子就是宁达，这个原本活泼可爱又极聪明的小男孩一下子变得消沉。奶奶已经去世半年多了，可他还沉浸在伤心中，每天没心思吃饭，没心思学习，泪水常常在他的眼圈里打转。

周围的人说宁达是一个重感情的孩子，可他的爸爸妈妈却很为他担心，因为他的这种重感情已经严重影响了他的健康，也影响了他的学习。爸爸妈妈不知如何安慰宁达，只好求助于宁达的爷爷。爷爷了解情况后，来到了宁达家里，决定和他好好聊一聊。

"孩子，你为什么天天伤心呢？"爷爷问他。

"因为奶奶永远离开了我，她再也不会回来了。"

"你知道奶奶永远回不来了，可是还有一样东西也永远回不来，你知道是什么吗？"爷爷问道。

"嗯？还有什么会永远不会回来呢？我不知道。"宁达疑惑地看着爷爷。

"傻孩子，时间呀！你所度过的所有时间，还有这些时间中经历的所有事物，它们也永远不会回来的。这就像一天过去了，它便成了永远的昨天，以后我们无法再回到昨天，更没有办法为昨天弥补什么。"爷爷抚摸着宁达的头继续说："当你爸爸和你一样小的时候，他每天都很不听话，玩的时候想着作业没做完，玩不痛快，学的时候老想出去玩，也就学不好，所以没有上大学就开始工作了。你看，他现在再怎么后悔，不也晚了吗？"

宁达听着爷爷说的话，笑笑说："爷爷，我明白了，我们要过好今天，因为今天的太阳落下去了，就再也找不回来了。"

爷爷点了点头。

从此，宁达恢复了以前的活泼，他珍惜着每一分钟，好好生活，好好学习。每天放学回家，他也会在家的院子里看着太阳一寸寸地沉到地平线下面，然后快乐地说："我今天没有遗憾！"

今天太阳落了下去，明天还会再升起，可是，我们再也不能看到和今天一样的太阳了。人们说，时间可以冲淡一切，无论你的昨天有着怎样的痛苦，他已经过去，现在最重要的是你怎样对待今天，难道你想要今天成为明天的痛苦吗？一个常年处于忧虑中的人，他们的身心都在经受摧残，不仅容易患上身体或者心理上的疾病，更无法体会今天的幸福。

俄国作家屠格涅夫说过："幸福没有明天，它甚至也没有昨天，既不回忆过去，也不去想将来，只有现在。"幸福其实就在我们面前，忘记过去的一切，你才能把握好今天。太阳每天都会升起，每天都是新的一天，我们不能因为留恋昨天美好的太阳而无视今天的阳光，更不能责备昨天的云彩挡住了太阳，而无视今天的灿烂！

　　威廉·格纳斯是一位著名的心理医生，他常常会给一些因焦虑和忧愁而生病的人做心理辅导。那些人要么沉浸在过去中难以自拔，要么就是为未来担惊受怕，长时间闷闷不乐，从而变得焦虑，影响了身体健康。

　　威廉·格纳斯给这些人治病的方案很简单。他只是给病人一张小字条，上面画着昨天、今天、明天的对比图，下面有这样一段文字："生命的每一个瞬间都是唯一，只要尽力地过好生命的每一个瞬间就可以了。"

　　"过好每一个瞬间"，多简单的方法，但很多人却不明白。我们整日为了昨天而悔恨，为了明天而担忧，但这些都是无用的，因为你能把握的只有今天。

　　生命中的每个时光都是唯一的，一去不复返，因此，我们最应该把握的就是此刻，不要让今天成为明天的遗憾，只有这样才能无悔。无限地珍惜此刻和今天，那么明天也不会有遗憾，那还有什么值得担心的呢？

　　无视今天，你会发现自己的过去、现在甚至未来都是一成不变的，因为它们都像一潭死水不断地重复着，最终你便湮没在这潭死水中。今天的时间不是昨天的时间，今天的你也不是昨天的你，一个懂得享受幸福的人，会了解生命的意义，珍惜每天的时光，把握每分每秒。我们不必为失去的东西而懊恼，那些东西已经永远逝去，抬头看看你的身边，眼前的幸福才是你最应该珍惜的，才是触手可及的。

　　纠缠过去的伤痛，只能让你丢失未来；珍视今天的幸福，才能让你享受美好的人生。

心态平和，自然笑对荣辱

日本第二大电信服务公司KDDI的创始人，"经营之圣"稻盛和夫说："人生的道路都是由心来描绘的。所以，不管我们处于多么残酷的境遇之中，心头都不要生出悲观的念头。"凡事多往好处想一想，你的心就会变得开朗豁达，看待世界的眼光也会跟着发生变化，世界也会因你而改变。

一个老太太不管是晴天还是雨天都整天坐在路口哭，因为她的大女儿是卖伞的，二女儿是卖布鞋的。下雨时她哭，是因为今天二女儿没生意；晴天时她哭，是替卖伞的大女儿难过，所以人们称她为"哭婆婆"。

一天，一位智者遇到了哭婆婆，一语把她从迷雾中拉了回来。智者说："老人家，您大可不必天天忧心，下雨的时候，你要想卖伞的女儿生意好，天晴的时候你要想卖鞋的女儿卖得好，这样你自然就不会哭了。"

听了智者的一番话，老太太顿悟，从此街头便有了一个总是乐呵呵的"笑婆婆"。

"哭婆婆"变成"笑婆婆"，原因很简单，就是不要纠结于一些不好的事，转换一个角度，生活便会发生意想不到的变化。有时候，我们常常会把事情看得太绝对，总往坏处想，才会整日郁闷。所以，遇到让你烦心的事时多往好处想想，也许事情就会出现意想不到的转机。

法国的乡下，住着一对老夫妇，他们老来无子，日子过得很清贫。有一天，他们想把家中唯一值点钱的马拉到市场上去换点更有用的东西，因为他们再也干不动力气活儿了，要马也没有用。

　　于是，老头子牵着马赶集去了，他先与人换得一头母牛，又用母牛换了一只羊，再用羊换来一只肥鹅，又用鹅换了母鸡，最后用母鸡换了别人的一大袋烂苹果。老头子为什么要这么换呢？因为每次交换的时候，他都想要拿换来的东西给自己的老伴儿一个惊喜。

　　当老头子扛着一大袋子烂苹果来到一家小酒店歇息时，遇上两个英国人。闲聊中，老头子谈了自己赶集的经过。

　　两个英国人听后哈哈大笑，说："你可真是个傻老头儿，你老糊涂了吧！你这么换，回去以后准得挨老婆子一顿揍。"

　　老头子坚称绝对不会，英国人就用一袋金币打赌。于是，两个英国人跟着老头子一起回到家中。老太婆见老头子回来了，非常高兴，她兴奋地听着老头子讲赶集的经过。每听老头子讲到用一种东西换了另一种东西时，她都充满对老头子的钦佩。

　　她嘴里不时地说着："哦，我们有牛奶喝了！"

　　"羊奶也不错。"

　　"哦，鹅毛真漂亮呀！"

　　"啊，这回我们有鸡蛋吃了！我早就想吃鸡蛋了！"

　　最后，听到老头子背回一袋已经开始腐烂的苹果时，老婆子同样没有发怒，而是亲了老头子一下，大声说："我们今晚就可以吃到香甜的苹果馅饼了！"

　　结果，两个瞠目结舌的英国人输掉了整整一袋金币。

　　老夫妇生活得很快乐，是由于他们的心态很好，从来不会因为失去的东西而觉得悲伤。一位哲人说："聪明的人永远不会坐在那里为他们的损失而悲伤，却会很高兴地找出办法弥补他们的创伤。"如果我们能像老夫妇那样，遇到事情只看好的一面，我们的生活也就没有烦恼了。

　　既然事情已经发生，我们没有办法改变，为什么不往好处想呢？我没有美丽的容貌，可我头脑聪明；老板不赏识我，可我还有工作；

我没有男朋友，可还有很多好朋友……生活就是这样，没有十全十美的。如果以一颗悲观的心审视世界，世界也会哭泣。

如果你的冰箱中还有一片面包，你会选择："真好，还有一片面包，我可以暂时填一下肚子"，还是："真烦，怎么只剩下一片面包，看来我要饿肚子了！"这两种想法，就是两种不同的心态。面包只剩下了一片，事实就在那里，与其又饿又烦，为什么不笑着吃下去呢？

古人云："人生在世，不如意之事十有八九。"我们的日常生活中，常常会遇到各种麻烦和困扰，比如工作待遇不公平，经济条件不宽裕，健康出现了问题，期望中的事情落空，好心却未得好报，替别人背黑锅等。遇到这样的事情，如果能保持积极心态，就不会钻牛角尖想不开，心胸也就必然会豁达起来，能够妥善对待、处理好这些事情，工作顺利，心情舒畅。

如果遇到不如意的境况总是想不开，往坏的发展可能去想，肯定会越想越生气，自控能力减退，情绪失去控制，言行也就出现反常。有时候甚至会为了一点儿小事，出言不逊，开口伤人，大闹一场，使你的人品大为降格，人际关系受损。往往事后冷静下来想一想，为了一点儿小事大发脾气，根本不值得。

生活是一杯白开水，你放进盐它便是咸的，你放进糖它便是甜的，盐水会越喝越渴，而糖水不仅解渴，还会很好喝。所以，遇事多往好处想一想，心情自然会跟着变好。心情好了，做事才会有精神，好事自然也就跟着来了。

人生苦短，用一种豁达乐观的人生态度走自己的人生之路吧。遇到艰难险阻、坎坷挫折时抬起头，周围的好风景会让你心情舒畅，前方的好风景会让你忘却痛苦。凡事多往好处想，无论经历了怎样的厄运，都已经成为过去。一个懂得向前看的人，才能看到未来和希望的影子。

Chapter 7 / 太计较得失，才无法在荣辱面前坦然

有关得与失的思辨，两千多年前《淮南子》里那个丢了马的老头儿塞翁就已经想得很明白了：得到未必是福，失去未必是祸，要用长远的眼光去看待。然而，如今依然有太多的人看不透"得失"二字，因而无法拥有一颗平和的心。

太计较得失，往往失去更多

得与失是每个人生命中的一个重要组成部分。可以说，生活中，我们的每一天都徘徊于失与得之间，得失是很平常的事，但是真正能看透得失二字的人却少之又少。

有些人在得失之间活得神清气爽，怡然自得，但也有许多人失不得，也失不起。对于他们来讲，他们失去的不仅仅是物质，同时也会失去心理平衡。所以，智者常常告诫人们：这种看不透得失的人，常常会失去更多，得到的也一定非常有限。

相信不少人总是在期望只有得到而没有失去的人生，求之不得，便抱怨不休，殊不知，俗语已有云"有得必有失"。没有任何一样东西是我们可以永久拥有的，我们不需要为了自己能占有一样东西而烦恼纠结，而应在得失之间保持平和心态，看淡得失，这样才能超越得失。

有个人称"棋迷"的老张，他的最大乐趣就是跟别人下棋。他常常跟一起下棋的棋友说：他在很年轻的时候下棋的技术就很高超了，经常参加县里或市里的比赛。他为此很是得意，就连以前教过他的老师都不放在眼里。有一天，他过生日，请了很多人，其中包括他的女朋友和教他下棋的老师。

酒过三巡，他如同以往要跟老师赛一盘棋。老师提出一个要求，每局都用一样物品做赌注，第一局用一百元做赌注，第二局赌老张最心爱的车子，第三局赌老张女友送他的生日礼物，老张痛快地答应了。

　　第一局，老张轻松地就赢了老师。第二局的时候，老师很郑重地警告他说："不要太骄傲，如果输了，车就要不回去了。"老张当然知道车子在自己心中的位置，所以很用心地跟老师过起招来。可是，让他意外的是，他居然输了。

　　到了第三局，老师又对老张说，如果他赢了，不仅可以留住女朋友送他的礼物，还可以把车子拿回去。于是，老张就更用心了，将全部的精神都放在棋盘上。让人不可置信的是，他居然又输了。

　　老张怎么也想不通，平时自己轻松就可以赢得的胜利，这时怎会如此大失水平一再失败呢？当然，老师最终没有要他的车子和他女友的礼物，临行前送给这个弟子一句话："患得患失，一念成败。"

　　从这句话中，老张明白了自己失败的原因：他太害怕失去车子和女友送他的礼物了，思想上有了压力，过度用力，意念过于集中，因而将平素可以轻松完成的事情搞砸了。

　　越是害怕失去什么，越是在意得失，巨大的压力和恐惧就会束缚你的手脚，你离目标就会越来越远，成功也将遥不可及。所以，不妨把眼光放得远一些，得失放得开一些，名利看得轻一些，让生命中充满淡泊的恬适和达观的从容，这样就一定能"山穷水尽疑无路，柳暗花明又一村"。

　　掌握正确对待"得失"问题的智慧，对任何一个人都有着巨大帮助。在那些看淡得失的智者眼中，无论是得到还是失去，他们总能得之泰然，失之也泰然，宠辱不惊。豁达不羁的李白有诗说："天生我材必有用，千金散尽还复来。"清朝红顶商人胡雪岩在走向衰落时，看着家人为失去财富和地位而哭泣叹息，他却说："我胡雪岩本无财可破，当初我不过是个月俸微薄的伙计，眼下光景没有什么不好。以前种种，譬如昨日死，以后种种，譬如今日生吧。"很显然，他失去了一手经营的万贯家财，却没有失去看淡得失的智慧。

很多时候，大部分人认为失去就是失败，其实并非如此，失败只是成功的必经之路。或许这一次失败之后，我们得到的就是期盼已久的成功。其实，成败得失之间并没有一个明显的界限，塞翁失马，焉知非福，也许得到的背后就是失去，得到也会在失去后不经意地到来。

过于看重"得失"二字，不仅会让我们的人生失去很多乐趣，甚至会失去那些原本不该失去的东西。我们要明白：生命有得到是正常的，有失去也是正常的，如果你紧紧抓住失去不放，得到就永远不会到来。放下失败，抓住成功，可以让生命重放光彩。这一切，需要你有一颗淡泊名利得失、笑看输赢成败的心。

关于人生得失，有三重境界：第一层是看远。怀有宏大的人生奋斗目标，不为眼前小利斤斤计较，不为眼前小事而牵绊心情。第二层是看透。现象是纷繁复杂的，透过现象看到本质，这是一种能力，也是一种独特的眼光。第三层是看淡。将功名利禄置身事外，看淡世间纷繁复杂，从容淡定，神清气爽。

通常来说，个性乐观的人对得失看得很淡，他们认为"得"是劳作的结果，无论劳心劳力，"得"都是心愿的实现，了却了心愿，难免会失去追求。得到功名利禄的时候，满心喜悦，但同时也失去了沉思与警醒；得到虚荣的时候，灵魂却在贬值；失去最爱的时候，便是得到永恒的寄托；失去依赖的时候，便是得到人生必备的磨砺；失去憧憬的时候，便是得到现实的选择。

人生之中，难免会有太多的得失，我们其实不必在意太多，今天所拥有的，明天可能就会失去，今天所失去的，明天可能又会重新拥有，关键在珍惜眼前所拥有的东西。人生最大的财富在于懂得珍惜，如果每件事、每个人、每样物，都能被我们所珍惜，那样我们一定会成为世界上最富有的人。

手心的沙，握得越紧，流失得越快

人们时常会抱怨，是因为有太多得不到的东西，人的欲望是没有穷尽的。如果不会控制自己想要得到的欲望，最终我们也无法逃脱负面情绪的困扰。事实上，得到的往往不懂珍惜，得不到的却永远惦念，越是努力想要得到的东西，往往越不容易实现，是我们想要的太多，还是这个世界给我们的太少？

其实，如果我们能够退一步，学会放弃一些东西，也许就会发现，有些东西，没有反而比有更能够让我们得到快乐。快乐其实很简单，就是要学会放弃那些不切实际的欲望，如果我们能够做到这一点，负面情绪就会离我们越来越远。

在一列疾驰的火车上，一位老者拿出女儿刚给自己买的鞋子仔细端详。鞋子是女儿精心挑选的，老人想起女儿的孝顺，不由得露出幸福的微笑。这时意想不到的情况发生了，突然一阵风吹来，老人手一抖，一只鞋子从开着的窗户掉了出去。大家吃了一惊，还没等周围的人惋惜声落地，老人又做出更让人吃惊的举动：他飞快地把另一只鞋子也扔了出去！

看着周围目瞪口呆的人们，老人解释道：反正自己留着这一只也没用，还不如都扔下去，这样捡到的人就可以得到一双完整的鞋子，这样这双鞋子既不至于浪费，而且也可以让捡到的人开心一下。

难道你不觉得可惜吗？人们问，老人笑了笑，鞋子是女儿给买的，孝心已经在他这里了，跟鞋子相比，这才是最重要的。

如果换作普通人，肯定不免要大大地抱怨和惋惜一番，最后不仅鞋子无法挽回，心情也糟糕极了。老者的智慧之处就在于懂得放弃，很多时候，抱怨和烦恼就是因为我们不肯放弃一些明明没希望得到的东西。

例如，别人有有钱的父母，我们抱怨；别人有更高的个头，我们抱怨；别人所在的公司福利好，我们抱怨……其实，回过头来看看，我们是在抱怨一些不切实际的东西，还不如彻底断了那些念想，踏实过自己的生活，努力实现自己的梦想。要知道，手心的沙子，握得越紧，反倒流失得越快。很多时候，不妨试着让自己的手松开，懂得放弃一些不切实际的欲望，是我们保持心态的最好方法。

有个村子有很多柿子园。每年到了收获的季节，这里随处可见农民采摘柿子的忙碌身影，但是采摘结束后，农民们会留下一些成熟的柿子。这些留在树上的柿子，成为了这个小村庄一道特有的风景。一些游人路过这里时，都忍不住会说，这些柿子又大又红，不摘回家实在是可惜了。但是，当地的果农却不这么认为，他们说不管柿子长得多么诱人，也不会摘下来，因为这是留给喜鹊的食物。

这个习俗听起来很奇怪，到底是怎么来的呢？原来，这里原本是喜鹊的栖息地，每到冬天，喜鹊都在果树上筑巢过冬。有一年冬天，天特别冷，下了很大的雪，很多找不到食物的喜鹊一夜之间都被冻死了。

第二年，原本长势很好的柿子树，突然被一种不知名的毛毛虫袭击了，数量非常多，那年柿子几乎绝产。从那以后，每年秋天收获柿子时，人们都会留下一些柿子，作为喜鹊过冬的食物，留在树上的柿子吸引了更多的喜鹊到这里度过冬天。喜鹊仿佛也会感恩，春天也不飞走，整天忙着捕捉树上的虫子，从而保证这一年柿子的丰收。这些农民明白：在收获的季节里，别忘了留一些柿子在树上，因为放弃一些柿子，其实是给自己留下了生机与希望。

在人生的柿子树上，我们不妨也留几枚柿子，那将是一道人生最美的风景。每个柿子好比我们内心的欲望和对未来的憧憬，到了收获的季节，有的树上柿子长势好有的不好，这时我们不必计较柿子的数量，甚至要学会知足，放弃一些柿子。许多时候，人的欲望超过了自身的承载能力，自己却不知道，直到最后发现无法承受，便演变成烦恼和抱怨。其实，早知如此，何苦当初为自己留下那么多的欲望呢？

许多时候，不要试图把所有的东西都握在手中，要懂得舍弃。某些看似更好的机会，更大的权，更多的利，其实并不像看起来那么美好，甚至有很多陷阱。很多人之所以碌碌无为，是因为缺少才华，没有机会。而另外一些人则恰好相反，有些优秀的人，他们并不缺机会，所面临的问题是：想要抓住的机会太多，结果，机会反而变成他们的灾难。

我们必须承认：这个社会有很多的位置，每个位置需要不同的人，而不同的人具有不同的素质、不同的性格和不同的能力，不一定要以统一的标准和他人的评价作为自己是否成功的衡量方式。

古人云："人贵自知。"我们首先要了解自己，清楚自己能做好什么，不适宜做什么，发现和挖掘造物主赋予我们每个人的特殊才能。在愿望和梦想上，不要贪多，不要人云亦云地追逐那些本不属于自己的事物，不要做自己力所不能及的事情，而要根据自身能力选择自己的事业，永远不要奢望种下豆子将来收获西瓜。

一个人的能力有大有小，机遇有早有晚，不要羡慕别人能飞黄腾达，更不要因为羡慕别人的业绩而急功近利。做好自己的事，成为最好的自己，这才是我们的快乐所在。

　　对每个人来说，选择与放弃，其实是一种心态、一门学问、一份智慧，是人生中每个人都要面对的考验。昨天的放弃决定今天的选择，明天的生活取决于今天的选择。人生如同村子里的柿子树，只有学会选择和懂得放弃的人，才能赢得精彩的生活，拥有海阔天空的人生境界。

用微笑埋葬痛苦

人生在世，时常会遇到很多不如意的事情。面对生活的种种无奈，我们时常会想：为什么有的人就是比其他人更成功，拥有更好的工作，赚更多的钱呢？而有的人终日忙忙碌碌地劳作，却只能维持生计？别人努力收获了快乐，而我却只收获了痛苦？

其实，人与人之间没有太大的差别。有心理学家曾经做过调查统计，造成人与人之间命运差异的关键点，就是人对待苦难的态度。一位哲人说过："你的心态才是你真正的主人。"同样的事情，用不同的态度面对，就会得到不同的人生境遇。那些懂得用微笑面对苦难的人们，往往能够更快地忘却苦难带来的痛苦。

我国台湾著名漫画家几米在作品《希望井》中这样写道："掉落深井，我开始大声地疾呼，等待救援……天黑了，我黯然低头，才猛然发现水面满是闪烁的星光。我在最深的绝望里，遇见最美丽的惊喜。"掉落深井是多么悲哀绝望的事，但他却有闲暇来欣赏星光，那是在地面上所不能见到的景色。

刚毕业的大学生被分配到农村工作，周围的环境一片糟糕，同事之间也很不和谐，假如他这时生活在愤愤不平与敷衍中，便永远不会发现自身的能力，无法取得任何业绩。当事业陷入低潮时，你失去了前呼后拥的支持者，失去了左右逢源的客户群，是不是也会陷入悲伤呢？抬头看一看，你的事业还没有失败，仍然有几个员工支持着你，低潮又有什么可怕？乐观地工作，不久之后就会东山再起。

永远都不要对命运自暴自弃，你的一句"我完了"会让你认为自己真的完了。当你开始诅咒世界时，你的内心也会积聚一股消极情绪，这种情绪足以让你进入失败的怪圈。俗话说："人倒霉了，喝口凉水都塞牙。"真的是凉水塞了牙吗？有常识的人，一定知道这是不可能的事，这只是你心里的感觉而已。因此，与其被痛苦折磨，不如乐观地迎接，你会发现世界上根本没有什么事可以难倒你。

尼可是一个快乐的百岁老人，她每天都生活在快乐之中。在她的世界里，似乎从来没有发生过不快乐的事情。当然，这份快乐使她成为朋友圈中最受欢迎的女人，尽管她不够美丽，而且早已满头白发，皱纹横生。

有个生活苦闷的年轻人慕名来拜访尼可："我一直感觉不到快乐，也没有什么朋友。我看到您每天都很快乐，身边有很多朋友，您真是一个活得漂亮的女人。您的生活中，一定事事都如意吧。"

尼可笑了笑，轻轻地说："人的一生不可能事事如意，已经发生的事实不可改变，你唯一能控制的就是你的想法。我可以肯定地告诉你，所有的事情都有值得快乐的一面，这正是我快乐的秘诀。"

年轻人很诧异，问道："假如您连一个朋友也没有了，您会感到快乐吗？"

"当然，我会高兴地想，幸亏我没有的是朋友，而不是我自己。"

"当您走路时突然掉进一个泥坑，弄了一身泥泞，你还会快乐吗？"

"是的，幸亏掉进的是一个泥坑，而不是无底洞。"

"如果您遭了车祸，撞折了一条腿呢？"

"大难不死必有后福，有什么不快乐的呢？"

"假如您马上就要失去生命，您还会快乐么？"

"当然，我高高兴兴地走完了人生之路，说不定要去参加另一个宴会呢？"

年轻人不再问了，他沉默了好一会才说道："这么说，生活中没有什么是可以打破您平静的心态的。对您来说，生活永远是快乐组成的一连串音符？"

尼可说道："是的，只要我愿意，我就是快乐的。"

人不可能总过顺风顺水的生活，所以必须学会对抗逆风的办法。我们没有办法改变一些东西，像生老病死、天灾人祸等，既然没有办法改变，那么就以一颗乐观的心对待吧！我们没有办法改变事实，可是有办法改变我们生活的质量，乐观一些，生活也就更幸福。

二战期间，在庆祝盟军于北非获胜的那一天，一位家住美国俄勒冈州波特南名叫伊丽莎白·康莉的女士，收到国防部的一份电报：她的儿子在战场上牺牲了。这是她唯一的儿子，也是她唯一的亲人，那是她的命啊！

唐莉无法接受这个突如其来的严酷事实，她的精神到了崩溃的边缘。她心灰意冷，痛不欲生，觉得人生再也没有什么意义，于是决定放弃工作，远离家乡，然后找一个无人的地方默默了此余生。

在清理行装的时候，唐莉忽然发现了一封几年前的信，那是她儿子在到达前线后写给她的。信上写道："请妈妈放心，我永远不会忘记您对我的教导，无论在哪里，也无论遇到什么样的灾难，我都会勇敢地面对生活，像真正的男子汉那样，能够用微笑承受一切不幸和痛苦。我永远以您为榜样，永远记着您的微笑。"

顿时，唐莉热泪盈眶，她把这封信读了一遍又一遍，似乎看到儿子就在自己的身边，那双炽热的眼睛望着她，关切地问："亲爱的妈妈，您为什么不按照您教导我的那样去做呢？"

"告别痛苦的手，只能由自己来挥动，我应该像儿子所说的那样，用微笑埋葬痛苦，继续顽强地生活下去。我没有起死回生的神力改变现实，但有能力继续生活下去。"伊丽莎白·康莉一再对自己这样说，最终打消了背井离乡的念头。

后来，伊丽莎白·唐莉就打起精神，开始写作，最终成为一个颇有影响的作家。其中，《用微笑把痛苦埋葬》一书颇有影响，书中有这样几句话："人，不能陷在痛苦的泥潭里不能自拔。遇到不可能改变的现实，不管让人多么痛苦不堪，我们都要勇敢地面对，用微笑把痛苦埋葬，才能看到希望的阳光。有时候，生比死需要更大的勇气与魄力"。

"用微笑将痛苦埋葬，才能看到希望的阳光。"痛苦没有什么可怕的，我们可以用微笑把它埋葬，因为一个乐观主义者不会畏惧任何磨难。伊丽莎白·唐莉以坚强勇敢与豁达乐观改变了她的人生，看到了人生中最美的阳光。

人生下来就要面临痛苦，我们不能因为前方路途艰难而停下脚步，也不能因为前方道路险阻而整日忐忑不安，弯起眼睛，翘起嘴角，就是微笑。多笑笑，你的生活也会充满阳光，用一颗乐观的心对待世界，便没有什么能打倒你。

世间的所有事情都是有利也有弊，即便是苦难和痛苦，只要你换一个角度，豁达乐观一点去审视，事情远远没有你想得那么糟糕。心态决定人生，也决定了人的生活方式。一个脸上永远带着微笑的人，必定有着极好的心态，也会用心做好身边的每一件事。生活带给我们的，无论是幸福还是挫折，我们都应该学会微笑面对。用好的心态把握短暂人生的每一分、每一秒，你会发现你的人生，每一天都是如此阳光灿烂。

失之东隅，收之桑榆

你是否曾经有过这样的心态：当你失去一件珍贵的东西时，开始有说不出的失落和无奈，可是时间长了，这种感觉就会淡化，甚至不复存在。那是因为那些失落，只不过是我们自己在心中投下的阴影。如果你始终无法放下，这片阴影会不断放大，甚至占满你的内心。要是你洒脱一些，这片阴影反而会慢慢消散，一些新的美好就会逐渐充满你的心灵。

其实，失去并不只是失落和阴影，只要你能够洒脱些，失去何尝不是一种收获，不是一种美？正如诗人普希金在《如果生活欺骗了你》中说过："一切都是暂时的，一切都会消逝，让失去变得更可爱。"失去是暂时的，失去的忧伤也是暂时的，只要我们有着积极洒脱的心态，在不久的将来定会收获美好，失去也会变得可爱起来。

一个男孩出生于一个普通的农民家庭，哥哥在学校是名列前茅的好学生，而他比哥哥更优秀，高考考上了一所名牌大学，是他们那里唯一一个考入名牌大学的学生。

当乡亲父老为他感到高兴而庆祝时，父母却正在为男孩的学费愁眉苦脸，说就是砸锅卖铁也要供他上学。知道自己的家庭无法背负这样的经济重担，他毅然背起行囊离家出走，放弃了读书的机会。

刚开始，他在一家酒店打杂。他平时很喜欢唱歌，加上得天独厚的音乐天赋，很快就成了这家酒店的台柱。后来，通过不懈的努力，他走上了星光大道，并获得了年度季军，这为他的演艺事业建立了良好的基础。随之，他参加了很多大型演唱会，唱响了中国，唱响了世界，成为"国家一级演员"。他就是家喻户晓的李玉刚。

后来在记者采访会上，有人问他："对自己弃学从艺后悔吗？"他坦然地回答说："如果我当初选择上学，现在可能还在学校，也就不会有今天的成就，所以我为我的选择感到高兴。"

山重水复疑无路，柳暗花明又一村。当李玉刚失去上学的机会时，并没有因此而放弃自己的未来，因为他尽快调整好了自己的心态，追求自己喜欢的事情，所以才会收获不一样的未来，收获了属于自己的那份"可爱"。

生活中有失去，也有得到；有无奈，也有可爱。我们不能因为它的无奈，就否认了它的可爱，就像我们不能因为一个孩子的顽皮就否认它的可爱一样。有些事情总是会失去，太执着就会被失落、无奈、抑郁团团围住，让心灵变得豁达一些，让失去变得可爱一些，生活就会变得越来越圆满。

我们经常说的"失之东隅，收之桑榆"，就是这个道理。一扇门关上了，必定有另一扇门打开，我们失去一样东西，必然会在其他地方得到另一样东西，关键在于你如何看待失去和得到。

苏格拉底开始和朋友住在一个环境恶劣、嘈杂的小屋子，但他并没有因此闷闷不乐，而是每天笑对生活。人们不解地问他为什么，苏格拉底回答道："这间屋子虽然小，但是我可以和志同道合的朋友每天在一起学习、讨论，这有什么不值得我高兴的呢？"

不久，朋友们逐个找到更好的住所搬走了。这时苏格拉底依然笑对生活，没有因为朋友的离开而感到烦恼。人们便又问他为何这么高兴，苏格拉底说："我的朋友虽然都走了，但是我真挚的书友还在这里，这些书籍一辈子都不会离我而去，有它们的陪伴，我又有什么不值得高兴的呢？"

苏格拉底的聪明之处，就是从来不会从消极方面看待失去，他懂得用智慧的眼光看待周围的恶劣环境，而不是一味地抱怨。如果苏格拉底和世俗的人一样因为失去优厚的环境、朋友而怨天尤人，否定自己的人生，他也不会如此快乐。

懂得放下的人，会用豁达和乐观面对自己没有得到的东西，他们每天都会收获愉快的心情；而不懂得放下的人，却总是沉浸在失去的痛苦之中，最终每天在得与失的矛盾中挣扎，反而失去生活的乐趣。

生活总是不能随人所愿，有得到，也有失去。那些曾经的失去，当时让你感到无限惋惜，可是在不久的将来，或许就可以成为另一种圆满。如果紧紧抓住失去不放，除了一颗不平衡的心，你永远也等不到得到的那一天。我们应该以最美的姿态生活，让失去变得可爱些，并且心存希望，这样内心才会充满阳光，生活才会圆满。

知足才是真正的幸福

关于幸福，网络上有一句非常流行的话：幸福就是猫吃鱼，狗吃肉，奥特曼打小怪兽。这句话让人忍俊不禁之余，也觉得相当有道理，意思就是：幸福就是知足常乐。那些经常抱怨自己不幸福的人们，不妨反思一下，是不是自己许多时候贪心不足，看不到自己拥有的东西，只看到自己想要却得不到的东西，如果是这样，你可能永远也看不清楚幸福的模样。

"鱼，我所欲也；熊掌，亦我所欲也。两者不可得兼，舍鱼而取熊掌者也。"孟子这句话流传了千百年，依然为人们津津乐道。人生在世，有得必有失。从这个角度看，无论收获了什么还是失去了什么，其实都是人生的一种收获。唯有这样，我们才能做到知足，做到快乐，甩去一切烦恼。

我们每个人的人生其实就是一次旅行，会碰到阳光，也会遭遇风雨，永远晴空万里是不可能的。因此，一个人辉煌也好，落魄也罢，都不能成为我们抱怨的理由，最重要的是要保持良好的心态。

要知道，人生无常，每天能迎接升起的太阳，其实就是一种幸福，就要珍惜。如果我们能够知足，就能把每天遭遇到的烦恼和不愉快统统忘却、抛弃，并用自己的智慧面对生活中的种种遭遇，这才是我们得到快乐的密钥所在。

皮斯托瑞斯这个名字也许没有太多人知道，但是相信很多人记住了2012年伦敦残奥会上参加田径比赛的那位没有小腿却奔跑如风的"刀锋战士"。

皮斯托瑞斯出生于南非，他刚生下来时小腿就没有腓骨并且只有4个脚趾，出于身体保护的需要，他不得不在11个月大时截掉膝盖以下的腿部。出生11个月后，皮斯托瑞斯就已经习惯了没有小腿的生活。

在外人看来，这是不幸的，但在他自己看来，这并不是悲剧的开始，而是生命的一次重生。在他看来，没有双腿并不是上天安排给他的一场悲剧，相反，他积极面对生活，甚至爱上了一项原本他最不可能参加的运动——短跑。

皮斯托瑞斯乐观的精神令身边的所有人感动，他始终没有放弃过自己的田径梦想，一直带着义肢征战在田径赛场。如今，皮斯托瑞斯是残疾人100米、200米和400米短跑世界纪录的保持者，被人们称为现实版的"阿甘""刀锋战士""世界上跑得最快的无腿人"，甚至被称为残奥会上的博尔特。

曾经有人问起他不幸失去的双腿，"刀锋战士"这样回答："虽然我没有双腿，但值得庆幸的是，我还拥有梦想，而且科技发展能够帮助我在风中奔跑起来，在残奥会决赛的跑道上跑上一程，就已经非常令人难以置信了。人生本来就充满幻想，虽然可能无法获得更好的成绩，但参加残奥会是我一生中最欢乐的时刻。我需要尽情享受，还需要和他人分享，以激励那些正处在困境中的人们。"

看到这些，你能说这位从小没有双腿的残疾人不快乐、不幸福吗？他没有去纠结那些他所没有的，而是看到自己所拥有的，这才是快乐的人生态度。生活中，那些热衷抱怨的人们，从来都看不到自己所拥有的那些宝贵财富，比如健康、平安、亲情、爱情、友情，他们总是看到别人比自己拥有得更多，殊不知，拥有也是相对的，没有人可以拥有一切，只有懂得控制欲望的智者。

生活中，不知足还体现在盲目与人比较上。我们不能总和别人的优势相比，更要看到自己的优势，了解自己的特质，清楚自己能做什么、能做好什么。了解自己的真相，就能看清自己拥有的幸福，盲目只会让自己陷入嫉妒、烦恼。

人生如登山，不要一味地向上看。如果总是看别人比我们好的地方，看不到自己所拥有的，总是计较名利，就会陷入抱怨的泥沼，给自己背上沉重的包袱。其实，人生的痛苦不是不如人，而是忽略眼前的幸福。一个人快乐与否，不是取决于他得到了多少，而是取决于他计较多少。有时候，需要我们把心态放平，如果你总是往上比，就会觉得"人比人得死，货比货得扔"；如果你多向下看看，反而会觉得原来自己的处境还不错。

很多人抱怨没有名牌鞋子穿的时候，他们忘了，还有许多人甚至连脚都没有。人生旅途上，如果我们用发现拥有的目光去看，就会发现周围青山绿水，鸟语花香，人生处处皆风景。很多时候，我们不要总以眼前的利益去比较，而要放在人生过程中去衡量。

人生很长，我们不应该在乎一时之利，而应该放在人生天平上来衡量。不管什么事情，放在人生这个天平上来衡量，就会发现许多原本我们认为很重要的事情，其实无足轻重，不值一提。而有些原本我们认为微不足道的事情，却恰恰意味深长，值得珍惜。放在人生天平上衡量，就会看透那些人们拼命追求的东西，原来不过是过眼烟云。知足常乐，珍惜自己所拥有的，才是人生真谛。

日常生活中，我们不妨经常告诫自己：朋友之间，要多看到别人的好，就会拥有更多的朋友。夫妻之间，多看到对方的好，多放大对方的好，关系会更加融洽、恩爱。职场同事之间，多看到别人给予自己的帮助，这个团队一定会其乐融融。明白了这些，就能够真正做到知足，就能让感恩时时装在心里，你就能成为这个世界上最快乐的人。

Chapter 8 / 想的都是问题，做了才有答案

正所谓"行是知之始，知是行之成"，太多的失败不在于"不知"，而在于"不行"。很多时候，想得太多未必是好事，想一百遍，想得再清楚，也不如做一遍更有收获。

不去做，你永远得不到答案

很多人常常会把"我没做过""我做不好"等挂在嘴边，对于一些事情，他们在没有尝试的情况下就给自己下了定论，内心的怯懦让他们拒绝挑战。一个人如果永远不尝试新的事物，那么他只能被别人甩到后面，停步不前。其实，世界上没有"不能"这个词，如果你勇敢地迈出第一步，就会发现原来事情就这样简单。

一个人之所以会成功，不是因为他有多么雄厚的实力，多么好的运气，而是因为他敢迈出别人没有迈出的第一步。通向成功的路途，永远会隐藏在密林中，只有迈出第一步，才能走进丛林发现小路，走向成功。

李斌是个普通得不能再普通的年轻人。他的收入不多，今年二十几岁，已经结婚生子。

他们全家租住在一间小公寓中，夫妇两人都渴望拥有一套自己的新房子，有较大的活动空间，比较干净的环境，小孩有地方玩，同时也增添一份产业。

但是，以他们现阶段的收入水平来说，买房子的确很难，他们根本没有钱付首付。这天，当他签发下个月的房租支票时，突然发现，房租跟新房子每月的分期付款差不多，他们只要凑钱凑到首付，便会有自己的房子了。

李斌对太太说："下个礼拜，我们就去买一套新房子吧？"

"你怎么突然想到这个？"她问，"开玩笑！我们哪有能力，可能连首付都付不起！"

　　李斌确定地说："我们一定要想办法买一套房子，跟我们一样想买一套新房子的夫妇有几十万，其中只有一半能如愿以偿，而另一半只能放弃。我们不能做放弃的那一半，虽然不知道怎么凑钱，但是我想一定会有办法的。"

　　星期天，他们真的找到了一套两人都喜欢的房子，朴素、大方又实用，首付要10万元。李斌现在最为难的是怎样凑到这笔钱。他们无法从银行贷到款，因为没有抵押的东西，也没有那么高的信用。

　　正当发愁之际，他突然有了一个灵感，干脆直接找开发商谈谈，向他借点私人贷款不就可以了吗？想到这儿，他迅速找到开发商。最开始，开发商觉得李斌的想法简直是天方夜谭，但由于李斌的一再坚持，开发商终于同意了。

　　就这样，开发商把10万元借给了李斌，李斌按月还款，每个月还1500元，利息另算，再加上后期的月供，一个月只需要还3000元钱，就可以拥有自己的房子。但是，他们两人的工资加起来一共才3000元，生活费怎么办呢？

　　后来，李斌又想到一个办法。他找到老板，说明自己的情况，请老板给他加班的机会，每个月让他多赚1000元。

　　老板被他的诚恳和雄心所感动，真的找出许多事情让他在周末工作10小时，他们因此欢欢喜喜地搬进了新房子。

　　在我们身边有很多这样的人，因为自己的收入有限，所以对待买房、买车等大数额消费会很谨慎，总下不了决心，甚至还嘲笑一些贷款买房子、车子的同事不会过日子。数年之后，他们还在盘算着什么时候去买，抱怨物价飞涨的时候，才发现当初下定决心买房、买车的朋友已经还清贷款，享受着生活。迈出第一步，需要一种勇气，更需要胆量。

　　克莱尔从小就很向往沙漠，长大后跟随着一帮人去了沙漠，当起一名探险者。

沙漠里气候干旱，风沙是常有的事情，很多人被无情地埋葬在这里。克莱尔却对这种环境充满了好奇。

进入沙漠不久，这帮人遇到了一场突如其来的强大风沙，当克莱尔醒来的时候，意识到自己和别人走散了。

克莱尔看看四周，他不知道在哪，不过下意识地将身边仅剩的一壶水抱在怀里，现在这壶水就是他的生命，水丢了，希望就没了，人也就没了。他决定要寻找同来的伙伴们，他在沙漠里一直走，怎么也走不出去。

天气出奇得炎热，眼看水壶的水越来越少，克莱尔舔了舔干裂的嘴唇，决定先找到水源再说。

最后，他找到一段石墙，看上去已经很久远了。石墙挡住了风沙，他刚想坐下来休息一会，却意外地发现石墙后面有一口保持完好的古井。

克莱尔兴冲冲地凑近一看，想了一会才明白这口古井不能直接地打水，而是要利用压力引水上来。

克莱尔感到很为难，心想：我要是把身边的半壶水倒进去没有水上来，怎么办？水壶里面的水一没，我很快就会没命了。可是，没有试验过，又怎么知道呢？

最后，克莱尔下定决心，只见他两眼一闭，将半壶水倒进了古井。

然后，他开始用自己反剩的力气一点点地压着，慢慢地，终于有水出来了，他哭了。

克莱尔在那里靠着水生活了两天，最后他的朋友派来的飞机发现了他，并将他从沙漠中带了出来。

在没有行动之前，谁也不能确定会得到多大的收益，面临多大的风险。如果你害怕这些不确定而迟迟不敢迈出第一步的话，你永远无法走向成功。任何决策都有风险，决策者虽然不能草率决定、盲目行动，但是千万不要优柔寡断丧失机遇，而要有决策的谋略、魄力与勇气。勇敢迈出行动的第一步，才会一步步走向成功。

"千里之行，始于足下。"你的第一步决定了你未来的去向，没有第一步，便不会有之后的成功。只有肯迈出第一步，才会创造一个全新的自己。

没有绝望的处境，只有绝望的人

人们曾经向一个登山家提问："如果一个人攀登到半山腰，突然遇到暴风雨，应该怎么办？"

登山家答道："应该往山顶上走。"

人们感到很疑惑，忍不住问道："为什么不往山下跑呢？山上的风雨不是更大吗？"

登山家解释道："往山顶的方向走，虽然遭受到的风雨可能会大些，却不足以威胁到你的生命。山下虽然看起来似乎比较安全，但是却可能遇到山洪暴发，从而危及你的生命。因此，对于风雨，逃避它，你只有被卷入洪流；迎向它，却能获得生存。"

很多时候，人的潜在力量都是在困境中被激发的。因此，如果你在工作或者生活中遇到难题，千万不要选择逃避，更不要把它推给别人，而是要迎难而上，记住登山家所说的话——山顶更安全。

心理学家威廉·詹姆斯说过："种下行动就会收获习惯，种下习惯便会收获性格，种下性格便会收获命运。"一个人的行动可以形成一种习惯，这种习惯往往就决定了你的命运。

现代社会，人们的脚步越来越快，每天都在生活与工作之间奔波劳碌。可是，人都有一种逃避心理，当春风得意时，可能会像打了兴奋剂一样积极乐观，可一旦身陷困境，便会开始选择"逃避"。他们不敢积极地应对当前的困境，而是一味地拖延和逃避，仿佛"等一下""躲一下"就会天下太平。

遇到困难就想逃避，正是失败的前兆，我们一定要把这个前兆消灭于无形之中，避免进一步溃败的可能性。如果我们能够把生活中遇到的每一个难题都看作是一种磨砺勇敢面对的话，接下来通往成功之路的难题就会越来越少，道路也会越来越宽阔，实现梦想，只是早晚的事情。

大家都知道鸵鸟的故事吧！沙漠中生活的它们一旦遇到危险，便会把头钻到沙漠中，殊不知那巨大的身躯仍暴露在外面，结果只能"束手就擒"。因此，你逃避的习惯一旦形成，不但不能解决困境，反而会让自己变得更加被动，拖延和逃避只是弱者玩的游戏，对于一个强者，积极主动地行动起来才是上上策。

在奥林匹斯山上，住着一个风神，他的手下是各种各样的风：微风、轻风、狂风、龙卷风、东风、南风、西风和北风。

由于风有的温驯乖巧，有的狂暴猛烈，为了避免它们搅乱奥林匹斯山的秩序，风神把所有的风都装进一个很结实的袋子，紧紧地约束住它们的行动。

一天，不知道是哪位神想与风神开个小玩笑，把风神的袋子弄了一个小洞。

久受约束的风纷纷从那里奔逃出来，最先逃出来的是一些小风，它们把奥林匹斯山众神的头发都吹得飘扬起来。

众神奇怪地向风神询问："你是不是把你袋子里面的风放了出来？"

风神低头一看，发现袋子上的小洞，他顿时惊恐万状，可又极力否认道："不是，这不是我的问题。"

奥林匹斯山头领山神和众神相信了风神的话，都各自回家去了。

很快，狂风挣脱了皮囊的束缚，开始在奥林匹斯山上肆无忌惮地发威。它们把小鸟吹得无法飞行，把树木吹得站不住脚，众神的房子也被吹得摇摇晃晃。

后来，众神费了很大功夫才一一捉住这些大大小小的风。大家非常生气，不仅是因为风神辜负了他们的信任，也因为风神故意隐瞒真相而失去了收拾局面的最佳时机。众神把这些风统统关进地牢，又挥起了雷电杖，把风神打成一个矮子。

故事中的风神，因为故意隐瞒真相，导致信息传递缺失，最后造成很大的损失。拖延和逃避是解决不了问题的，只会让问题更加扩大。

积极行动可以改变一个人的一生。如果你习惯把消极的思想转变成积极的时，原本糟糕的心情也会变得兴致勃勃起来。

俗话说："世界上没有绝望的处境，只有对处境绝望的人。"我们不能决定前方的路，但可以改变对待逆境的态度。高尔基的《海燕》中，海燕勇敢地展开双翅搏击风雨，从而获得了生命的力量，而那些企鹅、海鸭等一味地躲避，最终也只能战战兢兢，生命也在这种拖延与躲避中慢慢消失。

生活中有着太多的酸甜苦辣让我们品尝，只有强者才能体会各自的滋味。我们不能延长生命的长度，但可以拓宽生命的宽度，强者会领略更多的风景，而弱者只能像个"套中人"，躲在自己的空间中碌碌终生。

优柔寡断是失败者的墓志铭

世界上什么样的人最可悲？答案是优柔寡断的人。著名教育家魏书生说："犹豫夺去了他很多时间，使他什么事都做不成，耽误了时间，平添了很多遗憾。"如果一个人面临事情时犹豫不决、举棋不定，不仅浪费了时间，也影响了自我判断能力，减缓了前进步伐。

在这个复杂的社会中，很多人患上了"选择综合症"，进入超市面对同样的商品挑来选去、反复对比，把本来就紧张的时间浪费过去，结果也许哪件也不中意，这便是优柔寡断惹的祸。要知道，机会不会等待你犹豫不决，要想成功就要抓住每个稍纵即逝的机遇，否则它们便会匆匆溜走，最终两手空空，一事无成。

我们常说："行动的速度取决于下决心的速度，如果内心一直犹豫不决，行动将犹如一叶漂荡海中的孤舟，将永远漂泊，永远不能靠岸。"因此，如果你看到了机会，就一定要抓住，不要再犹豫，现在就行动起来。

周末，一个正在恋爱的年轻人，很想约女朋友出去玩。但是，星期天早晨起来，他就犹豫了，害怕去了女朋友还在睡觉，怕打扰了她休息惹她不高兴。

等了好一会儿，他还是在思考：也许女朋友现在正好没事做，正在想着等他去。如果他不去的话，女朋友一定会责怪他心里没她。

就这样想来想去，最后还是决定去了。等他下定决心要出发的时候，抬头一看表，指针已经指向中午。他又开始犹豫：这个点儿正好赶上人家吃中饭，这会儿去的话，女朋友一定觉得他是专门去她家吃饭的，一定会看不起他。算了，还是下午去吧。

吃过午饭，他出发了，这一路上仍然犹豫着：去还是不去呢？现在已经到了下午，还能去哪里玩呢？没地儿玩，女朋友不愿意出去怎么办？或者，哪怕女朋友不拒绝，她心里肯定也会在心里埋怨他，都到了下午了，安排去哪里玩也不合适。

就这样一路上犹豫着，他来到了女朋友家门前，开始按门铃，但是这时候，他竟然希望没有人给他来开门，这样他便可以顺理成章地回去了。

果然，门铃响了三声，没有人答应，他的心里倒好似一下子踏实了。他没再等待，迅速地转身回去，连头也没回，好像恐怕有人来开门似的。

其实，他的女朋友那天一直在家等他约她出去玩，而那天她家的门铃刚好坏掉了，他只按门铃，没有敲门，所以女朋友不知道他去了没有，也没有得到他的任何解释，所以对他有些不满。

后来，慢慢地，女朋友了解了他的个性，与他分手了。

因为犹豫不决，他与幸福失之交臂。在这个社会中，一个具有果断能力的人才能够独立，获得成功。之所以有些人会优柔寡断，是因为他们没有自信心，更没有毅力，因为无法预料未来而变得胆怯，总害怕失去。

拿破仑曾经说："每场战役都有'关键时刻'，把握住这一时刻意味着战争的胜利，稍有犹豫就会导致灾难性的结局。"因此，当面临需要下决断时，一定要大胆做出结论；在需要迅速行动时，一定要果敢地迈出第一步，行动起来。

太平洋上的珊瑚环礁，是美丽的观光圣地。

伯爵老练地操纵海鹰号，海鹰号的水手们也心旷神怡。海鹰号轻灵地避开水下的礁石，伯爵看了看天气，说："我们就停在前面的无人岛上，来一次烧烤大会怎么样？一起享受这美好时光。"

水手们一同欢呼起来。他们不知道，这阵欢呼竟然成为最后一次，他们惊醒了一个睡在两千米深海底的恶魔——海底地震。

突然，平静的海面忽然发出一阵疯狂的喧嚣，剧烈地震荡起来，一道巨浪腾空而起，直奔毫无戒备的海鹰号。

伯爵稍稍镇定了些，连忙调整海鹰号的方向，往后行驶。他嘱咐水手们将大部分食物、设备等物资扔出去。但是海浪越逼越紧，一道二十英尺高的海浪把海鹰号高高抬起，然后重重地抛上礁盘。伯爵马上认识到自己的船已经无药可救——海鹰号的龙骨已经在这一击之下断成两截。

龙骨就像人的脊梁骨一样，断成两截可是致命伤。于是，伯爵果断地下令水手们弃船潜水。

但是，水手们都舍不得丢下海鹰号，因为它是一条纵横万里的袭击舰，水手们对它喜爱极了。他们舍不得丢下它，只希望海浪过一会可以消失。

伯爵看到这种情形，命令道："准备跳海，立刻，马上！"，并率先跳了下去。

他们跳下水，不一会儿就转移到了无人岛，虽然这里没有人，但是有着丰富的物产，他们是饿不死的，只需要等待过路船只来营救就可以。

我们无法预料未来，虽然果敢的行动会犯一些小错误，但是汲取这些错误经验正是我们走向成功的法宝。犹豫不决是一种致命的缺陷，世界上最可怜的人是机会就在他们面前，面对唾手可得的成功，自己却因为没有行动而错失机会。

昙花的美来自短暂的绽放，流星的美来自稍纵的流逝，很多美丽就在你的犹豫中失去，所以，行动起来，抓住那些稍纵即逝的机会，勇敢地去做，只有行动之后才能无悔，知道自己能否成功。

Chapter 9 / 及时止损，敢舍才能多得

　　"止损"这个词源于金融领域，看似简单，实际上能够做到的人却很少。一旦开始出现损失，人们大多会有一种不甘心理，甚至幻想出各种利好，刻意回避止损。其实这就是人的本性使然。

　　不愿面对失败，大多数时候换来的，只会是更大的失败，很多时候要学会放弃，才能让自己的人生柳暗花明。

舍得下遗憾，才抓得住幸福

从前，一个小镇上有一个地主，是一个实实在在的守财奴，视财如命。有一天，镇子上暴发洪水，村民都第一时间逃命。地主和地主婆一下子慌了，他们舍不下家里的金银财宝，就手忙脚乱地把一些贵重的金银首饰和珠宝戴在身上。

这时候，洪水已经逼近，地主还是依依不舍自己的财宝，实在拿不了了，他们才逃出家门。此时洪水已经漫过腰部，远处村民营救的小船，在向他们召唤，而地主和地主婆却因满身财宝而无法靠近小船。

村民们疾呼："快把那些珠宝丢掉，否则就来不及了。"可是，地主和地主婆死死抓住珠宝不舍放手。最后，地主与地主婆和他们那些心爱的珠宝一起被淹没在洪水之中。

我们再来看另外一个故事：一个做瓷器买卖的商人，有一天挑着满满一担子的瓷器要到集市上去卖，但是途中得翻山越岭。他很小心地走在崎岖的山路上，可是尽管他很小心，还是有几个瓷器从担子里滑了出来。

此时，商人并没有停下来，而是头也不回地继续往前走。有行人看到很是不解，问："你的瓷器掉出来了，你为什么不去捡呢？"他笑笑说："如果我要是停下来捡那几个摔坏的瓷器，那么就有可能有更多的瓷器被摔坏。"

在第一个故事里，腰缠万贯的地主和地主婆因为贪欲，不肯放弃，最终付出了生命的代价。而在第二个故事里，一个小小的瓷器商贩，却能参透放弃和舍得的真理，对自己进行最大程度的保护，令人佩服。这两个故事其实就是在告诉人们：舍与得会令一个人的命运瞬间颠倒，人们在追求梦想和成功的道路上，一定要把握好"舍"与"得"两个字。

对人生而言，舍得是一件需要勇气的事情，与其拼命抓却抓不住，不如尝试放弃，顺应自然。叔本华说过："生命是一团欲望，欲望不满足便痛苦。"舍得舍得，有舍才有得，该给予时就给予，该舍弃时就舍弃。这个世界上没有永远的得，也没有永远的失，所以我们不要太在意。就好比蝌蚪，如果总是不舍得放弃自己的尾巴，而不肯长大，那它将永远长不成自由跳跃的青蛙。所以，我们一定要记住，放弃是为了更好地拥有。

虽然我们日常生活中经常提到"舍得"二字，但真正能读懂"舍得"、做到"舍得"的人并不多。实际上，"舍得"二字所涵盖的内容很多，它不仅仅包含舍弃、放弃、不吝啬，还包含给予、放下、退让等。"舍得"虽然是一个词，却有着三层意思：一个是舍，一个是得，一个是舍与得的关系。舍，包含了什么该舍、如何去舍；得又包含了什么该得，如何去得；舍与得的关系就更加复杂了。"舍得"二字，说到底就是一种心态，心态上的取舍直接决定我们的行为，决定我们人生的走向。

在职场上，舍与得也是很重要的课题。我们每个人都面临诸多选择：从初出茅庐的求职，到成长后的跳槽，再到成为精英，始终都在选择中前进，很多时候，只有敢舍，才会有得。舍不得会成为我们选择的羁绊，而舍得会帮助我们及时把握机会。只要经过仔细衡量、对比后，认为应该去做的或是利大于弊的，我们就要舍得放弃一方，只选另一方。

舍得也代表一个人的勇气。通常来说，一个人的勇气分为三个层次：第一层是敢于应战的勇气。困难当前，逃避是一种懦弱的表现，只有敢于应战，才是勇敢者的表现。这是一个人最基本的勇气。

第二层为敢于挑战。被动应战有时是出于无奈，根据每个人的心理素质，迎战的方式也不同。除此之外，生活中有那么一种人是属于主动找困难去搏斗的，我们称为挑战。挑战的勇气，要高于迎战的勇气。

第三层的勇气，是放弃。这一点可能有人并不理解，但是我们能够看到，放弃之时，不但要应付和挑战那些不可预知的困难，而且要克服最大的敌人，那就是自己。

对于人生而言，最大的智慧是该执着时执着，该放弃时放弃。执着需要勇气，放弃则需要更大的勇气。虽然放弃会有不舍与难过，会有挣扎与痛苦，但是谁又能说放弃之后不会是另一种重生呢？舍得放弃人生中的种种压力，轻装上阵，经历风雨，才能走向成熟，活得坦然和轻松。

人生有高潮，也有低谷，我们要学会用智慧的态度面对命运的起伏。很多人在命运的低谷中拼命挣扎，最终却被无情地吞噬，很多时候都是因为他们舍不得放弃手里的东西，或者是感情，或者是财富，或者是地位，或者是名誉。

人生的道路上，舍得是一种境界，一种智慧，一种艺术，一种人生态度。在我们的人生高点，这些东西会帮助我们飞得更高，然而在人生低谷，这些东西就会成为累赘。我们一定要学会正确看待，掌握了舍得的智慧，学会了舍得，才能在人生道路上走得更加轻松。

该付出的代价要舍得

不经历风雨，怎能见彩虹？这不仅仅是一句歌词，而且是这个世界上成功的法则。没有付出，就不可能有收获，任何梦想的实现都需要付出代价。如果你在付出上是一个吝啬鬼，成功便同样会对你吝啬，舍不得付出代价的人，永远得不到成功的眷顾，这同样是这个世界上的成功法则。

成功与失败其实就像一个天平，如果想要梦想成真，得到最后的成功，就必须有足够多的付出。同样，每个人的心中都有一个天平，它是衡量付出与收获的唯一标准。只有付出了辛苦与努力，才能得到最后的回报，保证天平的平衡。

一个人如果不想付出便想得到回报，那就是企图不劳而获，想要把别人努力付出的回报据为己有，这时心中的天平就会失去平衡，沦为懒惰无能的人。上天给予人类灵巧的双手和智慧的头脑，就是让人们在努力奋斗的道路上更加得心应手。只有充分利用自身的勤劳和智慧，付出努力，才能得到最终的收获。

古时有一个故事叫《腊八粥》，说的是一对夫妻勤勤恳恳，起早贪黑地辛勤劳动，创下了一份大大的家业。但是他们对儿子从小溺爱，衣来伸手，饭来张口，这种溺爱和放纵，使他养成懒惰贪吃的坏习惯。

等老两口去世后，这个儿子和他的妻子便整天吃喝玩乐，饿了吃父母留下的粮食，冷了穿父母留下的衣服，过着神仙一般的快活日子。因此，过了没多久，也就是腊月初八这天，他俩只剩下一碗粥，最后被饿死、冻死。

常言道，没有吃不完的饭，没有穿不破的衣。《腊八粥》中懒夫妇的下场就是不劳而获者的下场。他们心中的天平已经失去平衡，东倒西歪，俗话说"一分耕耘一分收获"，不耕耘，不付出，便想得到收获的成果，在现实生活中，是永远都不可能实现的。

无独有偶，另一个故事中的年轻人，则有着截然相反的命运：

有一位少年，他的父亲临终前告诉他："儿啊，我留给你两件宝贝，有了它们，你便能得到财富。"父亲去世之后，这位少年冥思苦想，找遍了家中的每一个角落，连后院也翻了个底朝天，可始终没有找到父亲口中所说的两件宝贝。

有一天，一位老人看到他心事重重，便走到少年跟前问起事来。少年将事情认认真真地与老者说了一遍。老人听了之后哈哈一笑，便告诉了少年："宝贝根本就不用找，就是你的头脑和双手！"

此时的少年茅塞顿开，恍然大悟，终于明白了父亲所说的话是什么意思。从此以后，这个少年就用这两件"宝物"创造了许多财富。

虽然这只是一个故事，但其中所蕴含的道理深刻而明显：它告诉我们，无论想得到什么，都要付出劳动，只有双手才是真正的财富。要想获取幸福与成功，必须付出努力与代价，否则，无论是伟大的梦想还是小小的愿望，都只能沦为空谈。

成功的人，首先是付出最多的人。我们景仰那些伟大的人物，因为正是他们推动了社会与历史的发展；我们也欣赏那些成功的商界人士，因为他们坐豪车、住别墅；我们更羡慕那些社会精英，因为他们一呼百应。可是，我们仅仅看到了别人风光的一面，又有几人看到他们背后付出的血汗。"没有以死谢罪天下的勇气，没有以身家性命相搏的胆识，就不配当社会精英。"这也许是他们经历坎坷获得成功的最好概括。

　　我们不妨历数一下那些取得非凡成就的成功人士，巨人集团的史玉柱，联想集团的柳传志，长虹集团的倪润峰，哪个不是付出了非凡的辛酸和努力？一个人要想成功必然要有所付出，小付出带来小成功，大付出带来大成功。空前绝后的付出，就会得到相应的成功，那些伟大的人物，大小的创业家，哪个不是视事业如生命？即便是我们身边那些平凡的人，凡是有点成就的，肯定也比别人付出了更多，因为我们明白，天上永远不会掉馅饼。

　　成功是每个人坚定不移的追求，但是要想成功并不是那么容易。成功是汗水和血水的结晶，是苦尽后的甘甜，想要成功，就要付出努力。成功的唯一条件就是付出努力。其实，上天是公平的，他让你拥有一样东西的同时必须失去另一样东西作为代价。当上天给予你成功时，你必然要付出努力。

　　从古到今，无数的成功人士为自己的成功付出了努力：李白为了自己的理想，漂泊终生；杜甫为了自己的理想客居长安数十年。他们最后都取得了非凡成就，这是因为他们都付出了很大的努力。

　　人生漫长，奋斗的日子却很短，我们要抓住每一次机会，为之付出真诚的努力，成功才会眷顾我们。无论现在我们处于什么样的阶层，都要牢记一点：成功必然要付出代价，不舍得付出，就永远不可能成功。

学会忘却，也是一种宽容

许多豁达乐观的人说过：学会忘记也是对生活的一种态度，更是对生活的一种选择。生活中正是如此，我们能够忘记朋友有意或无心的伤害，才能建立至真至纯的友情；能够忘记恋人分手时的绝情，才能怀念有过的那些美丽爱情；忘记生活的一点不公，才能不再被终日愤懑所困；许多事情，该忘记就应该及时忘记，懂得了这个人生秘诀，我们才能看清幸福的模样。

曾经看到过这样一个小故事，说小和尚和老和尚一起去化缘，小和尚毕恭毕敬，什么事都看着师父。走到河边，一个女子要过河，老和尚背起女子过了河，女子道谢后离开了。小和尚心里一直想着，师父怎么可以背那个女子过河呢？但他又不敢问，一直走了20里。他实在憋不住了，就问师父，我们是出家人，您怎能背那女子过河呢？师父淡淡地说，他把她背过河就已经放下了，可你却背了她20里还没放下。

这位老和尚的话虽然简单，却充满禅意，仔细想想，这也是人生的道理。人的一生像是一次旅途，不停地行走，沿途会看到各种各样的风景，历经许多坎坷。如果把走过去、看过去的都牢记心上，就会给自己增加很多额外负担，阅历越丰富，压力就越大，还不如一路走来一路忘记，永远保持轻装上阵。过去的已经过去，时光不可能倒流，除了汲取经验教训外，大可不必耿耿于怀。

在我们的日常生活中，学会忘记是一件极为常见的事情，同时也是一件非常重要的事情。一个人的一生不可能事事顺利，每个人都会遇到紧张、挫折乃至失败的情况，这样就渐渐地形成情绪。如果总是处理不好情绪，必然会给生活带来负面影响。为了提高生活质量，调整和改善精神状态，我们必须学会忘记。

心理学家柏格森说："脑子的作用不仅仅是帮助我们记忆，还能帮助我们忘却。"其用意就在于提醒人们，要不停地对自己不健康的情绪进行清理和调整。

美国前首相乔治，有一天和一位朋友散步，这位朋友发现：每走过一道门，乔治都要小心翼翼地把它关好。那位朋友说："你用不着关这些门呀。"

"不，应该的。"乔治说："我这一辈子都在关闭我身后的门户，这是必须的。当你关门的时候，所有过去的事都被关在后面。然后，你就可以重新开始，向前迈进。"

在乔治看来，每天都把过去的那道门关上，这是用一种美妙的方式结束他一天的生活。在他看来，你已经做完了你能够做的事情。也许你昨天做过一些愚蠢荒唐的事情，但是你应该尽快忘掉。明天是崭新的一天，要好好开始，使你的精神昂扬振奋，不至于让过去的错误成为未来的累赘。

乔治深知，一个人不应该以悔恨的心情来结束一天。一个随时关门的人，过完一天就关闭一道门，把过去的不开心和不如意统统忘掉，这样就可以用崭新的心灵面对崭新的一天。

人的一生要学会忘记。现实生活已给我们太多的竞争与压力，我们的人生之路已有太多的坎坷与崎岖，有太多的人生目标等着我们去实现，太多的人生难关等着我们去挑战，我们又何必对那些曾经的不快斤斤计较呢？更不应该因为那些陈谷子、烂芝麻的事，而耿耿于怀。

该记住的，我们都会铭刻于心；该忘记的，不妨就任由它消失在岁月中。在如今这个竞争激烈的社会，无论是生活还是职场，我们都要学会忘记一些东西，如痛苦的、尴尬的、懊悔的记忆。只有忘记这些，我们才能为那些充满阳光的记忆腾出空间。每当遭遇挫折失意的时候，不妨告诉自己：每天都是新的一天，烦恼、痛苦请不要过夜。

此外，忘却其实也是对自己和他人的一种宽容。学会宽容，就学会了人生。我们要想让自己的人生多一些幸福，少一些抱怨，就要学会把自己的记忆力变成筛子，不断地筛选，留下精华。我们要善于忘记过去那些不该记住的东西，保留那些有益的、美好的回忆。生活中，难免会有太多的痛苦、尴尬、恩怨，正是因为我们学会了忘却，那些对身心有害的记忆才会渐渐地被时间冲淡，我们也在这个过程中渐渐脱离了苦痛，真正拥有快乐和幸福。

Chapter 10 / 明明可以转弯，为何偏要"撞南墙"

　　大多数固执"撞南墙"的人，都会用"锲而不舍，金石可镂"这句话为自己开脱。然而，他们并没有意识到的问题就是：坚持与固执的唯一差别在于，是否找对了方向。

　　面对挫折的大山，固执的人就像石头，以硬碰硬，玉石俱焚；而坚持的人，则如同河流，顺势而为，迂回取胜。哪种才是真正的智慧？答案不言自明。

别把自尊浪费在偏执上

森林里，动物们正在选新歌手，猫头鹰兴致勃勃地报名参加了比赛。比赛那天，猫头鹰那极具冲击性、刺激性和穿透力的声音，令所有动物毛骨悚然，台下众动物纷纷指责猫头鹰不该出来吓人。

顿时，猫头鹰羞愤难当，无地自容，从此以后，它改为夜间活动，白天则倒挂反省，还经常伤心落泪。

一天，猫头鹰有幸遇到神宙斯的儿子赫尔墨斯神，便哭诉着自己的悲剧，求赫尔墨斯神使用法力改变自己的嗓音。

听了猫头鹰的陈述，赫尔墨斯神说道："你的歌声虽然不好听，但你想想看，它却可以震慑老鼠，谁可以做到这样？你的嗓音是上天的安排，你是独一无二的，应该为此感到高兴，何至于哭泣？"

听完这话，猫头鹰茅塞顿开，开心地说："谢谢您的鼓励，我知道自己该怎样做了。"于是，它不再执念于歌唱比赛，而是专心致志地抓捕老鼠。一次次的成功，让它成为捕鼠高手，在动物界很受欢迎。

不管做什么事情，想要成功，自然要有韧性，懂得坚持，但坚持不等于固执。很多时候，理想和现实之间是有差距的，计划永远赶不上变化，我们要根据实际情况改变策略、想法。如果过于固执，不肯变通，只能让愚蠢的固执毁了自己的生活。

固执的人，其实就是死脑筋，它与坚持有很大的区别。坚持的人，始终朝着自己的目标和方向前进，走属于自己的道路，做自己认为对的事情。但是坚持的人，他们的思想并不死板、僵化，会灵活多变地运用各种办法达到自己的目标。可是，固执的人却不一样，他们坚持的不是生活中的某件事，或是某个目标、力量，而是内心中固有的想法。不管这个想法多么不切实际，他们都非要做下去不可。

聪明的人与愚蠢的人的区别就在于：前者懂得变通，知道何时该坚持，何时该放弃，何时该改变；后者只懂得顽固地坚持，一成不变地固守。

有一个捕鱼技术非常娴熟的渔夫，平日里总喜欢随便发誓，而且非常固执，就算自己立下的誓言不符合实际，他也不肯改变，宁愿将错就错。一次，他听说市面上墨鱼的价格非常高，就立下誓言：这次出海只捕捞墨鱼。可命运偏偏就像在捉弄他似的，这次渔汛带来的全是螃蟹。为了坚守自己的誓言，渔夫只好空手而归。等他上了岸，才知道螃蟹的价格竟比墨鱼还高，为此，他非常后悔，于是又发誓以后只捕螃蟹。

过了一段时间，他再次出海，这回遇到的却全是墨鱼。为了实现自己的诺言，他不得不把这些墨鱼都放回海里。晚上，渔夫饥肠辘辘地躺在床上，又发誓：这回螃蟹和墨鱼都要带回来。

然而，命运再次和渔夫开了个大玩笑。他第三次出海捕捞上来的既不是螃蟹，也不是墨鱼，而是其他的鱼。为了遵守誓言，渔夫又一次空着手回去了……第二天，坚守誓言的渔夫，在饥寒交迫中死去。

渔夫的死亡既可悲，又可笑。他明明三次出海都有收获，却为了固守毫无意义的誓言，死在了饥寒交迫之中。

坚持到底，不轻易放弃，这些都是令人称道的品质，也是一个人取得成功的必备条件。但很多人却错误地理解了这种品质，错把固执当坚持。固执不是坚忍，而是愚蠢，它无法帮你实现任何理想，只能带来麻烦和灾难，毁掉你幸福的长城。生活中，我们需要的不是固执，而是坚持。当你做某件事情的时候，不妨问问自己，如果我继续下去，会怎样？如果你的坚持，最后的结果却毫无意义，那么比别人多坚持一点，并不会让你走向成功，而是将你拖到固执的深渊。

其实，很多人都明白这个道理。但是，有时人们却很难把两者彻底分清，无法分清究竟什么时候该坚持，什么时候该放弃。结果，往往容易作茧自缚，被莫名的固执束缚了手脚，束缚了思想。

重点高校毕业的她，带着优越感和自信，迈进了社会的大门。她相信凭借自己的才学，一定能找到一份心仪的工作。然而，寻找了很长时间，她仍然没有找到合适的工作，要么是自己看不上工作，要么就是工作看不上她。同学曾经劝告她，找工作不要要求太高，面试的时候也要学会取悦他人，懂得变通。对此，她表现得很不屑，认为自己有能力，用不着阿谀奉承。

她没有放弃自己的目标，依旧不停地投简历、面试。那天，她到一家公司面试，进去的时候，看到经理办公室里坐着一个正在面试的女孩。女孩很会说话，把经理哄得非常开心，两人谈笑风生，倒像是许久未见的老朋友。她狠狠地瞪了那女孩一眼，对她的行为表示不耻和蔑视。待两人谈完之后，她起身走了进去。

面试经理对她说："请坐吧！不好意思，让你久等了！"她礼貌地点头坐下，并说道："没关系，只等了一会儿而已。"说完这句话，她感觉自己很虚伪。这一次的面试平淡无奇，但她顺利地通过了，成为该公司的一员。

入职那天，她刚到经理办公室，就遇到了面试的那个女孩。经理给她们安排好工作之后，两人便一同走出经理办公室。那女孩对她微微一笑表示友好，而她却面无表情，因为她心里看不起这种人。

工作上，她非常认真，效率也很高，她希望证明给别人看，能力决定一切。可是，出乎她意料的是，半年后，那个女孩升职了，而她却还是一个普通职员。她很气愤，也无法理解，难道这个世界真的只有阿谀奉承的人，才能混得如鱼得水吗？

这是个固执的女孩。在她的思想中，圆滑变通就是阿谀奉承，就是没有原则。所以，她坚持自己的原则，并且对所有的一切感到不屑。可是，结果怎样呢？因为固执的想法，让她的思想走进死胡同，生活和工作一团糟。

生活在这个社会上，我们总要面对形形色色的人，并不是自己想怎样就能怎样。如果一个人固执已见，不懂得灵活变通，只会让自己孤立于人群之外，给自己的生活和事业增添许多障碍。我们并不是要你遇到问题就退缩，曲迎奉承，而是告诉你，遇到问题的时候，不妨换个角度想想，考虑下自己的坚持是否有意义。如果这种坚持只是因为你的不服气，或是明知道坚持的方向是错误的还一意孤行，那为什么还不肯放弃呢？

放下你的固执吧！你可以在人生道路上轻装上阵，尽情地享受生活带来的快乐，为什么要让自己愚蠢的坚持毁掉幸福生活呢？

剑走偏锋，让思维试着转个弯

中国有句古话"置之死地而后生"，最早出自《孙子兵法》，是形容己方形势的一种说法：疾战则存，不疾战则亡者，为死地。在这种形势下，只有通过"吾将示之以不活"，激发士兵的斗志，速战速决，才有可能生存下去，否则只能等死。

对我们来说，这句话就是比喻，把自己放在一个根本没有退路的地方，只能往前，不能往后，拼死斗争，还有可能胜出，否则就只能面临失败。在人生奋斗的道路上，遇到困境一筹莫展的时候，我们往往会拿出这句话来激励自己，用以激发自己面对困境奋力一搏的勇气。那么，为什么人们的潜能会在这些时候得到空前的爆发和提升呢？

这其实代表的是一种思维模式的转变。有人说，成功与失败最终取决于意志的较量。一个很有名的"锅底法则"，说的就是：人生就像一口大锅，当你走到了锅底，无论朝哪个方向走，都是向上的。最困难的时刻，也许就是拐点的开始，改变一下思维方式，就可能迎来转机。

某日化企业引进了一条香皂生产线，结果发现生产线有缺陷：常常有盒子里没有装入香皂，总不能把空盒子卖给顾客，于是请来一个学自动化的博士后，让他设计一个方案分拣空盒子。博士后拉起几十人的科研攻关小组，综合采用机械、微电子、自动化、X射线探测等技术，花了几百万，成功解决了问题。每当生产线上有空盒香皂通过，两边的探测器会检测到，并且驱动一只机械手把空皂盒推走。

　　而同时，另外一个小企业也买了同样的生产线，老板发现了这个问题后也很头痛，找了厂里的工人来想办法。最后，他们终于找到完美的解决方法：在生产线旁边放一台电风扇猛吹，空的肥皂盒自然会被吹走。

　　几个工人花几十块钱买了一台电风扇，竟然解决了自动化博士后花了几百万才解决的问题……

　　这则笑话在博大家一笑的同时，其实也是一则寓意深刻的寓言。它告诉我们：并非高科技的生产线就必须要用高科技的方法弥补不足，不要被任何先入为主的想法禁锢头脑，如果能够摆脱头脑中固有的条条框框，就会发现，解决问题的方法居然如此简单。

　　每个人的思想都有一个环境，那就是我们固有的思维习惯，或者说是思维定式。这个环境有时候会禁锢我们的想法，限制我们的行动，我们每个人都要认识到这个问题，避免被头脑中的"环境"所奴役。在日常工作生活中，我们所形成的知识、经验、习惯，都会使人们形成认知的固定倾向，从而影响后来的分析、判断。

　　实际上，很多在"定式思维"模式下解决不了的问题，一旦改变思考角度，让思维转个弯，就会发现原来解决起来竟然如此简单。

　　一家大型企业需要招收一名开拓性强的业务经理。广告一发出，面试者便蜂拥而至。因为人实在太多了，公司确定了下班之前可以免试的名额之后，便通知剩下的应聘人员离开。

　　但其中一个原本应该离开的应聘者却再也等不及了，因为他身上只剩下最后一天的生活费。这份工作对他来说，意义非同寻常。于是，他鼓起勇气，径直来到保安室，要保安向老板通报：他是外地来的一位客户，看中了公司的某种产品，希望能和老板面谈。

　　就这样，这个人顺利地直接见到了老板。交谈过程中，老板似乎漫不经心地问他是如何避开保安进入公司的，他便把自己刚才的一番经过讲述了一遍。老板听后大为赞赏，立即就录用了他。后来，他凭借自己在销售领域的出色开拓能力，很快就被提拔为销售部经理。

事后，老板对他说，是他足够的机智和聪明证明了他能胜任业务经理的职位。一个优秀的业务人员，必须具备转变思维模式的素质，在和别人遭遇相同困难的情况下，尤其需要一种剑走偏锋的智慧。

对于这位应聘者来说，他之所以能够鼓起勇气剑走偏锋，冒险一搏，没有别的原因，就是因为他的口袋里已经没有了明天的生活费。我们不妨试想，如果他并非出于这种窘境，口袋里还有足够的生活费，他还会不会有勇气做出这个孤注一掷的决定呢？所以，凡事无绝对，陷入困境也不完全是坏事，有时候面对困境，反而能够激起你转变思维方式的想法，从而令局面获得转机。

很多时候，我们在遇到挫折和失败或即将遇到挫折和失败，面临强大外在心理压力的时候，能够做到不气馁、不懈怠，是非常难能可贵的。这是真正强大的意志力。然而，更加难能可贵的是转变思维模式，尝试那些我们不曾尝试过的方向，没准在转变方向之后，我们会找到柳暗花明的捷径，令局面豁然开朗。

一定要感谢那些挑剔你的人

每个人在生活中都会遇到一些对自己挑剔的人，这个人或许是朋友，也可能是对手。他的话说出来总是让你有点别扭，似乎根本看不到你的优点与付出，却能轻而易举地指出你的不足，让你心生懊恼。

对于这些人，你的态度会是怎样的呢？愤怒、不屑，还是反驳？请不要这样做，因为能够指出你错误的人恰恰最应该感谢，因为他给你提供了一次可以改掉缺点、完善自我的宝贵机会。如果我们能做到感激挑剔自己的人，也许收益还不止如此。

日本的"销售大王"原一平说过："人一旦来到这个世界，就得对自己负责，每天努力地修行。如何使今天的我比昨天的我更进步、更充实，这是自己人生的责任中最要紧的。"为此，他不断组织"原一平批评会"，以征求同事、家人和朋友对自己的批评和意见。每一次批评会开下来，他都会大汗淋漓地经历一次灵魂的蜕变。这种蚕蜕般的生命净化与成长是痛苦的，也是快速、有效的。

后来，原一平发现单凭次数有限的批评会，已经无法满足自己对于了解和改造自我的需要，他渴望更挑剔、更深入、更广泛的批评。有一天，原一平灵机一动，决定花钱请征信所的人调查自己的缺点。他请了几个朋友和客户帮忙，借用他们的名义，雇用征信所的人来调查原一平。征信所的调查资料中，有挑剔的，也有赞美的。原一平要的是如何改进，只有挑剔和批评，才会督促他更上一层楼。

就是在这种严酷的自我要求和改造的进程中，原一平"每天进步一点点"，不断地丰满自己的人格、能力和智慧。慢慢地，挑剔和批评他的意见渐渐减少，最后几乎没有了。当然，原来一无所有的穷小子原一平，也成了亿万富豪，成为世人尊敬的成功榜样和幸福楷模。

其实，我们真正的敌人不是那些直接对你进行批评和攻击的人，而是那些看到你的错误和不足，不但不直言不讳地指出，而且熟视无睹、不言不语的人，这才是可恶至极、阴险至极。但遗憾的是，我们往往把这类人当作真正的朋友，认为是所谓的"志同道合"。

其实，那些挑剔我们的人，他的出发点是希望我们能更好。就算你真的可以确定他是不怀好意故意打击你，也要明白，有一个这样的人在你身边，你就是能够越来越好。他为了更有力地打击你，会不遗余力地寻找你的不足，而他找到的往往恰恰是你自己忽略的，或者是朋友碍于面子不好意思提醒你的。这样想来，是不是真的对自己有帮助呢？

日常生活中，我们每个人都应该感谢那些挑剔自己、给自己压力的人，正是这些压力使自己有了奋发向上、积极求变的动力。如今的社会，永远充满利益的斗争、欲望的角逐，这也是当今职场永恒不变的旋律。每个人都要学会如何在荆棘遍布的社会和职场中，寻求到适合自己发展的康庄大道，并以坦然、淡定的心态面对一切的苛责及挑剔。

我们要相信，如果发现了不足和缺点，虚心接受和改正，并不断完善自己，这将会是你一生中宝贵的财富。其价值远远超过对方批评你时直接的说话方式，或者说伤害到你的感受或自尊的程度，甚至可以修正你的人生走向，让你找到更加正确的人生之路。

如果想让自己不断进步，变得更加强大和优秀，不是让自己封闭在自我感觉良好的温室里，也不是让自己一帆风顺地走过每段路程，而是让自己在挫折、不利的局面中反省自己，认识自己，壮大自己。别人的批评、意见，对你来说，不就是让你反省的最好途径吗？不用交学费，只是转动一下脑筋，让思维拐个弯，那些不足、错误和缺点就会一览无余。

如果我们觉得身边那些挑剔的人让我们抓狂，不妨让自己换一个角度，换一种思维方式，你会意识到是他让你从迷茫中醒悟，从局中放马，重新认识自我，审视自我；是他让你认真改正了错误，完善了自己，强大自己，变得更优秀，自我价值更高。那么，你的对手不仅会无话可说，你的朋友也会对你刮目相看，你的人际关系也会其乐融融，因为你更加优秀、更加强大了。

人们都喜欢赞美，喜欢听表扬的、好的话。俗话说：良药苦口利于病，忠言逆耳利于行。真正关心、为你好的人，是在你最危难、最需要帮助的时刻伸出援助之手，在你最忘乎所以、最春风得意的时刻给你提出批评和警告。所谓生命与共、患难之交，就是这样。

我们要学会感谢批评和指出我们缺点和不足的人，是他们让我们学会坚强，不断修正、完善和充实自己。他们无情的批评与指责，让我们成长、进步得更快，锻造我们的度量、胸怀。那些对我们苛责又挑剔的人，无论是敌人还是朋友，都不要记恨，因为是他们让我们看到自己的不足。一个人只有听了批评和否定才会审视自己，重新看待、评估自己。只有这样，才能让自我更加完美。

突破常规，走出属于自己的路

许多时候，那些取得不凡成就的人，往往是那些善于思考和总结的人。他们懂得运用突破性的思维模式和方法改进自己的工作，提升效率。这其实是一种积极面对一切的心态。对于有积极心态和主动做事的人来说，"机会空间"的大门从来都是敞开的。拥有积极心态的人们，通常都有着更加长远的理想，他们在工作中往往表现得更加出色。

2001年，美国通用公司招聘业务经理，吸引了很多有学问、有能力的人前来应聘。在众多应聘者中，三个人的表现极为突出：一个是博士甲，一个是硕士乙，另一个是刚走出校门的本科毕业生丙。最后，公司给这三人出了这样一道考题：

有一商人出门送货，不巧正赶上下雨天，而且离目的地还有一大段山路要走。商人就去牲口棚挑了一头驴和一匹马上路，路非常难走。

驴不堪劳累，就央求马替它驮一些货物，可是马不愿意帮忙，最后驴终因体力不支而死。商人只得将驴背上的货物移到马身上，马就有些后悔了。

又走了一段路，马实在吃不消背上的重量了，就央求主人替它分担一些货物。此时的主人还在生气："如果你替驴分担一点，你就不会这么累了，活该！"

没多久，马也累死在路上，商人只好自己背着货物去买主家。

应聘者需要回答的问题是：商人在途中应该怎样才能让牲口把货

物驮往目的地？

甲说：把驴身上的货物减轻一些，让马来驮，这样就都不会被累死。

乙说：应该把驴身上的货物卸下一部分让马来背，再卸下一部分自己来背。

丙说：下雨天，路很滑，又是山路，所以根本就不应该用驴和马，应该选用能吃苦且有力气的骡子去驮货物。商人根本就没有想过这个问题，所以造成重大损失。

结果，丙被通用公司聘为业务经理。

甲和乙虽然有较高的学历，但是遇事不能仔细思考，最终以失败告终。丙虽然没有什么骄人的文凭，但是他遇到问题时不拘泥原有的思维模式，善于用脑，灵活多变，所以成功了。丙就是一个非常有创意的人。简单地说，所谓的创意，就是要有正确的思维模式，勇于打破常规，力求最佳的解决办法，获得较好的工作效果。

我们知道，突破常规的思维模式是一种极珍贵、备受看重的素养，它能使人变得更加敏捷、更加积极。无论是在生活还是职场中，这种态度都能使你从竞争中脱颖而出。你的亲人、朋友会信赖你，你的上司、同事和顾客会关注、记住你，从而给你更多的机会。

你为什么应该养成敢于打破常规的好习惯？事实上，很少有人这样做。其中，有两个原因是最主要的：第一，突破了固有的思维模式之后，与那些尚未养成这种思维习惯的人相比，你已经具有了优势。这种思维习惯使你无论从事什么行业，都具有更加强烈的主观能动性，而这种主动精神，正是实现梦想最好的搭档。

不少刚刚走出校门的年轻人在参加工作伊始，面对自己从未接触过的工作，一时有些手足无措。每当领导交待工作任务时，他们总是要问一句该怎么办。这种做事方法，长此以往就会出现依赖心理，只会被动服从，不会主动开拓。那些成功的人很早就明白，什么事情都要自己主动争取，并且要为自己的行为负责。没有人能保证你成功，只有你自己；也没有人能阻挠你成功，只有你自己。要想获得成功，你就必须敢于对自己的行为负责，没有人会给你成功的动力，同样也没有人可以阻挠你实现成功的愿望。

因此，每个人在工作中要善于运用自己的创意，充分调动自己的主观能动性，一旦养成主动的工作习惯，就掌握了个人进取的精义。那些以无比的热情看待自己工作和事业的人，总能发掘出无穷的机会。相反，那些被动的人，只能永远等着别人给他安排任务，而且还会推脱搪塞，同时也推掉了机会。

只有敢于打破常规，才会让雇主惊喜地发现，你实际做的比你原来承诺的更多、更有创意，你才有机会获得加薪和升迁的机会如果你只是尽本分或者唯唯诺诺，对公司的发展前景漠不关心，你就无法获得额外报酬，只能得到属于你应得的那部分。当然，这比你想象得要少。

创意是一件既抽象又重要的东西。无论是对个人，还是对事业，在发展过程中都少不了它的帮助。对个人的发展而言，这是一件很长远的事情，任何哪怕是再微小的创意，在长期看来，都有可能带来巨大的收益和潜力。

只有学会打破常规的思维模式，才有机会改变前面的道路和方向，接近成功。这样的思维模式，会指引我们在人生的道路上少走弯路，始终保持冷静清醒的头脑，任何时候都能找到正确的人生方向，不迷茫、不盲从，更加迅速地实现我们的梦想。

Chapter 11／ 不要选阻力最小的路，是因为它在下坡

　　人天生都有惰性，大多数时候，最容易走的那条路对我们的诱惑往往更大。然而，我们必须明白：随波逐流的安逸，同时也意味着毫无作为，甚至放纵堕落。有句话说得好："所有千夫所指的困难，都是为了淘汰掉懦夫，仅此而已。"

　　上坡路永远是最费劲、最让人崩溃的，但它能让你抵达更高的海拔，成为真正的强者。

道路越崎岖，收获的希望越大

世上没有绝对平坦的路。你面前的是平坦的道路，你要走下去；是一条崎岖的道路，你也要走下去。其实，道路好走不好走，并不是最重要的，重要的是你会在沿途看到什么样的风景。为了欣赏美丽的风景，走崎岖的道路也是值得的。

阿朗和朋友去坝上草原旅游，有一段路，从起点到目的地，都是很陡很长的山坡。

当时还是初春，刚刚发出新绿的几缕嫩草，根本遮不住左一个右一个的田鼠洞。他们一行几人边走边抱怨，鞋里灌进了沙土，刚洗过的运动裤沾上了泥巴，一不小心就会踩到石头或踩塌田鼠洞崴脚。

领路的大爷一直笑呵呵地听着他们的抱怨。等又有个小姑娘踩进洞里发出尖叫以后，他说："孩子们，你们别看路不平要看路，越盯着脚下的不平，路越不好走。"

一行人半信半疑，战战兢兢地抬起头看着坡上，当注意力离开脚下的坑洼和田鼠洞之后，剩下的四分之三的路程，居然真的好走了很多。

人生也遵循这样的道理。成功的道路，从来没有任何捷径，我们只有走好每一步，才能经营好每一段人生。道路崎岖不平，怎么了？好好走就是了。抱怨道路不好走，并不会改变什么，反而会在心中产生排斥情绪，觉得道路更不好走，更难到达目的地。

抱怨之所以可怕，并不单单因为它是一种发泄型的负能量，更重要的是，它会加重你心中的阴霾，分散你的注意力，浪费你的精力，抹杀你想要改变一切的努力。时日一长，它会将人变成愤世嫉俗的怪物，一边蜷缩在自己的世界里裹足不前，一边吹毛求疵地挑剔世界的不公，指手画脚地斥责整个世界。

现实生活中，我们总是会遇到这样的人，任何一点不如意的地方，都会引起他的抱怨。习惯抱怨的人，从来不会在自己身上找原因，反而将责任推卸到外界环境或是别人身上。所以，他们的生活过得越来越不如意，如同那些年轻人一样，只顾着抱怨道路不好走，却忘记了如何走好这段路。

梁萧和海洋是同窗又是室友，大学时学的都是美术专业。学业方面，梁萧一直刻苦努力，精益求精，他设计的作品不止一次摘得省级比赛大奖，素有"才子"之称。海洋是富二代，仰仗家里有钱，一副玩世不恭的模样，甚至连毕业作品都是花钱请人代笔的。

不过，有才华的人未必都能把自己的才华完全发挥出来。

毕业以后，没钱、没背景的梁萧，大费周章才进入一所中学当了美术教师，月薪不过2 000多元，谈个女朋友就觉得钱不够花。更让他难堪的是，吊儿郎当的海洋靠着家里的关系，竟然轻而易举地进入省城报社做了美编，月薪达到4 000元！

现实造成的强烈对比，让梁萧心中窝火无比。他越发偏激起来，每每在报刊上看到海洋的名字，都会喋喋不休地斥责社会的不公。渐渐地，梁萧心中的无力感越发沉重，斗志越发淡薄，不愿再努力——反正"才华横溢"永远不及"财气横流"，再多的努力也是徒劳！他这么想，也就这么做了，开始消极怠工。

海洋则截然不同，他的才华原本比不了梁萧，但进入报社以后突然上进起来。在这里，他能够经常接触到一些优秀作品，使得海洋的专业水平颇有长进。

3年以后，梁萧因为工作态度问题被教育局炒了鱿鱼，丢失了赖以生存的饭碗，女朋友也离他而去；而海洋却因思想新颖、专业能力强，被一路提拔为设计部主管。此时此刻，梁萧已无法再小看海洋了，因为就其作品而言，海洋的美术功力显然已经超过了自己。

陷入偏颇的人，看不见别人的优点，也便失去取长补短的机会。他们用愤怒和抱怨在自己的人生路上挖下一个大坑，蹲在坑底龇牙咧嘴，只靠捕捉路人的影子撕咬拉扯为生，让自己面黄肌瘦，营养不良。

很多时候，现实和理想会有很大的差距。当我们的理想被残酷的现实击穿时，怨天尤人、唉声叹气只能让自己从此沉沦下去，距离自己的理想越来越远。越是不好走的道路，我们越应该好好走，只有这样，才能改变原来的轨迹。

对于我们来说，有些风景错过了，或许可以重新再欣赏。但是生命对于每个人来说只有一次，如果我们只顾着抱怨命运不公、运气不好，最终都无法收获属于自己的成功。

就算命运对你真的不公平，它折断了你远航的风帆，但是我们也要努力前行；就算前进的道路崎岖不平，它让你陷入泥潭，但是我们也要努力向前；就算生活中的很多麻烦总是不请自来、接踵而至，也不要烦躁绝望，明天的太阳依然会升起。生活，你可以说它不公平，也可以说它很公平，只要你好好地走，坦然面对，前方的道路会越来越平坦、宽敞。

人生之路还那么长，所以不要将全部注意力放在不平之处，好好看路，认真走好每一步，才能领略到前方美丽的风景。

下坡的路，阻力自然最小

　　很多有经验的挖参者都知道，越是艰险的地方挖出的人参越大。果农们也知道，凡是长在最高枝头上难摘的苹果都是最香甜的。人生之路也是这样，越是通向成功的道路，也就越艰辛。也就是说，如果想要走向成功，就要克服路途上的艰辛。我们从一次次摔倒、一次次爬起中才能得到真正的锻炼，那正是通向成功必备的能力。

　　人生路上，失败和挫折是必须要经历的，那些长在温室中的小花，永远不能体会阳光、风雨的魅力，正是阳光风雨给了所有花草树木成长的能量。温室中的小树苗可能会精致无比，但它永远没有可能成长为参天大树。挫折和磨难可以为一个人提供很多顺境中不能学到的知识，艰辛的道路让我们学会了冷静，学会了动脑，磨炼了意志，增强了战斗力……这个过程正是我们自我提升的过程，道路越艰辛，我们离成功也就越近。

　　一个知识渊博的人遇见智者，他生气地问智者："我是个博学的人，为什么总是不能遇到成名的机会呢？"

　　智者无奈地回答："你虽然博学，但样样都只尝试了一点儿，不够深入，用什么去成名呢？"

　　那个人听后便开始苦练作画，后来虽然画得一手好画，还是没有出名。

　　他又去问智者："智者，我已经精通了作画，为什么还是出不了名呢？"

　　智者摇摇头说："你不敢参加作画比赛，说明你缺乏信心和勇气，又怎能成功呢？"

那人听完智者的话，又苦练数年，建立了自信心，并且鼓足勇气去参加比赛。他画得非常出色，却由于裁判的不公正，被别人占去了成名的机会。

那个人心灰意冷地对智者说："智者，这次我已经尽力了，看来上天注定，我不会出名了。"

智者微笑着对他说："其实，你已经快成功了，只需最后一跃。"

"最后一跃？"他瞪大了双眼。

智者点点头说："你已经得到成功的入场券——挫折。现在，你得到了它，成功便成为挫折给你的礼物。"

这一次，那个人牢牢记住智者的话。他坚持坚持再坚持，果然取得了成功。

在成功的道路上，也许会因为一时的失败、挫折而觉得迷茫，也许会因为路途太过艰辛而选择放弃，但是每个黎明到来之前，都会经历无比的黑暗。也许坚持一下，成功便在前面向你招手。著名的"领导力大师"活伦·本尼斯在他的《领导者》一书中写道："无论是政府、民间还是非营利领域的领导人，他们都有一个共同特点：每个人都曾犯过严重的错误，然后反败为胜。"

人们经历艰辛后更要坚守自己的目标，克服困难，超越自我，经历挫折之后的反思，是任何教科书上都不会有的。

王振宇毕业后进入一家公司做行政助理。刚刚走出象牙塔的她，总觉得职场是个能让自己大展拳脚的地方，她也暗暗发誓：一定要好好工作，做出成绩！凭着这股锐气，她全身心地投入工作，并且很享受这种努力奋斗的感觉。

可是，没过多久，王振宇的兴奋劲儿就少了。她发现助理并不是好当的，要处理各种各样的琐事，没有一点自由空间，公司的条条框框也非常多。这些还是次要的，最让她头疼的是，自己要听从三个经理的差遣，每件事就必须一一汇报，否则就有人不满意。

一天，总经理给王振宇下达了一个任务：一周之内做出办公室装修的计划案。王振宇是个新手，从来没有做过这样的计划，脑子里一点概念都没有。为了解决这个问题，她开始向同事"求助"。一个星期之后，她终于做出一套完整的方案。她把这套方案交给三位经理看。可没想到，三位经理给出了三个完全不同的修改意见。

这可怎么办？都是经理，该听谁的呢？不管听从哪个，都会得罪另外两位老板。王振宇一时间觉得备受折磨。可是，该干的活儿还得干！

思考一番之后，王振宇将三位老板的意见重新进行整合，做出了一个全新的方案，并拿着这个方案分别去找了三位老板。可是，老板又给出很多意见，意见还是不统一。王振宇没有抱怨，反倒是越挫愈勇，又重新做了一份方案。就这样，反反复复地修改、批评，在修改、再批评中，她终于做出了一个让三位经理都满意的方案。

当这个棘手的任务做完之后，王振宇突然觉得：没什么问题是解决不了的，受"折磨"的同时也是一种提高和进步。

老板的"穿小鞋"真的让人无法坚持下去，但是她却用一个良好的心态克服了这些"折磨"。如果她不堪忍受工作中的处处碰壁，无法承受这种艰辛，也许会拖延，也许会辞职，但永远不会与成功携手。老板与同事的刁难其实就是一个磨炼的过程，风雨越是猛烈，之后的彩虹也就越美丽。

人生道路有千万条，真正通向成功的那一条往往最艰辛。伟大与平庸之间常常只有一步之遥，艰辛的路途往往会让人更加坚强，更加坚定，因为他们明白，道路越是艰辛，离成功也就越近。

每一道伤痕，都会成为荣耀的印记

苦难好似暴风雨，常常使人无法抬头，无法睁眼，甚至迷失前方的路。但苦难往往不能避免，谁都会遭遇"山穷水尽"的绝境，面对生活的暴风雨，你会怎样选择呢？一个人生活在世界上，总会遇到这样那样的苦难，有些人被苦难吓到了，畏畏缩缩，敷衍了事，拖延逃避，但是这样就可以结束苦难了吗？当然不能，结束苦难的唯一办法，就是把它踩在脚下。

没有经历过挫折的雄鹰永远不能高飞，没有经历过风雨洗礼的天空永远不会出现彩虹，没有经历过风吹日晒的树苗长不成参天大树……一个人如果没有遇到过任何挫折，没有承受苦难的能力，就不可能获得成长、取得成功。其实，任何苦难都是一只"纸老虎"，长得凶神恶煞，令人望而生畏，但也许你的一个手指就能打倒它。

一个偏僻遥远的山谷里，有一个高达数千尺的断崖。不知道什么时候，断崖边上长出一株小小的野百合。

野百合刚刚诞生的时候，长得和杂草一模一样。但是，它心里知道自己并不是一株野草。它的内心深处，有一个纯洁的念头："我是一株百合，不是野草。唯一能证明我是百合的办法，就是开出美丽的花朵。"有了这个念头，野百合努力地吸收水分和阳光，深深地扎根，直直地挺着胸膛。

终于，一个春天的早晨，野百合的顶部结出第一个花苞。

野百合的心里很高兴，附近的杂草却都不屑，它们私底下嘲笑着野百合："这家伙明明是一株草，却偏偏说自己是一株花，还真以为自己是一株花，我看它顶上结的不是花苞，而是头上长瘤了。"

它们还在公开场合讥笑野百合："你不要做梦了，即使你真的会开花，在这荒郊野外，你的价值还不是跟我们一样？"

偶尔也有飞过的蜂蝶鸟雀，它们也会劝野百合不用那么努力开花："在这断崖边上，纵然开出世界上最美的花朵，也不会有人来欣赏！"野百合说："我要开花，是因为我知道自己有美丽的花；我要开花，是为了完成作为一株花的庄严使命；我要开花，是因为喜欢以花来证明自己的存在。不管有没有人欣赏，不管你们怎么看我，我都要开花！"

在野草和蜂蝶鸟雀的鄙夷下，野百合努力地释放着内心的能量。有一天，它终于开花了，灵性的洁白和秀挺的风姿，成为断崖上最美丽的风景。

这时候，野草与蜂蝶鸟雀再也不敢嘲笑它了。

百合花一朵朵地盛开着，花朵上每天都有晶莹的水珠，野草以为那是昨夜的露水，只有野百合自己知道，那是极深沉的欢喜所结出的泪滴。

年年春天，野百合努力地开花、结籽。它的种子随着风，落在山谷、草原和悬崖边上，每一处都开出洁白的野百合。

几十年后，远在千里外的人们，从城市、乡村千里迢迢赶来欣赏百合花。许多孩童跪下来，闻嗅百合花的芬芳；许多情侣互相拥抱，许下百年好合的誓言……无数的人被这美景感动得落泪。

那里，被人们称为"百合谷地"。

不管别人怎么赞美，满山的野百合都谨记第一株野百合的教导："我们要全心全意地开花，以花来证明自己的存在。"

野百合没有好的生长环境，被人们瞧不起，又得不到任何赏识。如果换在人身上，几乎是最痛苦的事。但是，野百合始终相信，只要肯努力，一切的不如意都会过去，终有一天，会把自己的种子传遍整个山谷，经过苦难的野百合成了山谷中最美的一道风景。

　　苦难来临并不可怕，可怕的是自己的屈服，人类从诞生之初就一直在与苦难作战，而历史告诉我们，所有畏惧苦难的人都会被苦难吞没。那些把苦难踩在脚下、狠狠踩碎的人，获得了最终的成功。试想一下，如果我们在森林中突然遇到一只野猪的攻击，你是跪下来乞求还是拿起武器作战？当然，任何一个聪明人都会选择战斗，哪怕有一线生机也会作战到底。苦难正是这样，你越是跪地哀求便越痛苦。

　　一个著名的音乐家，他的一生可以用苦难两字来形容。从4岁那年开始，一直到生命的最后一刻，他始终都没有摆脱苦难的纠缠。不过，他并没有被苦难打败，而是用自己坚定的人生信仰超越苦难，最终脱颖而出。

　　他长期将自己关禁闭，疯狂地练琴，每天至少要练习10—12个小时，忘记了饥饿和死亡。他13岁时开始周游各地，过着流浪的生活。除了那把始终陪伴他的小提琴外，他一无所有。除了拉琴，他还在指挥艺术上苦下功夫，并创作出《无穷动》《女妖舞》《随想曲》和6部小提琴协奏曲及许多吉他演奏曲。15岁那年，他举办了首次个人音乐会，一举成名，轰动整个音乐界。他的名气很快便传到法国、德国、英国、捷克等国家。

　　他的琴声到底有多神奇？帕尔玛首席提琴家罗拉听到他的演奏之后，惊异地从病床上跳下来，木然而正；维也纳一位盲人听到他的琴声，以为是乐队在演奏，当得知台上只有一个人时，大叫"他是个魔鬼"，匆匆逃走；卢卡共和国宣布他为首席小提琴家。

　　也许你知道他的名字，没错，他就是闻名世界的超级小提琴家——帕格尼尼。

　　山重水复疑无路，柳暗花明又一村。生活本就充满苦难，我们要遇山开山，遇水劈水，只有你坚强起来，苦难才会变得渺小。海明威曾说："生活总是让我们遍体鳞伤，但到后来，那些受伤的地方一定会变成我们最强壮的地方。"挫折之中往往孕育着未来的希望，过去的创伤所带来的苦难，往往正是我们应对生存危机的力量。

微笑地面对苦难和伤痛吧。在苦难面前，笑得灿烂的人，才会有战胜苦难的能力。面临生活中的一切不如意，相信自己，不要轻言放弃，也不要沉浸于悲伤之中，最好的方法就是运用自己力量寻找与苦难斗争的方法，勇敢地把苦难踩在脚下，把曾经的苦难变成自己身上荣耀的印记。

有了压力，才能稳住方向

都市生活充满激烈的竞争，我们承受了很多压力，有来自工作、学业、经济的，也有来自感情、婚姻、生活的。于是，很多人开始抱怨生活压力实在太大了。这种情况下，很多人无法承受压力，情绪低落，心理焦虑，甚至感到几近窒息。可是，并不是所有人都会被压力压垮，也有一些人能够在压力之下活得轻松自在。

我们不禁要问，为什么这些人能够轻松地面对压力呢？难道他们有什么异于常人的智慧？

其实，这些人如你我一样，都是普普通通的人。只不过，他们能够勇敢地面对压力，善于把压力置于自己的背后，成为一种推动力，迫使自己不断前进。压力无处不在，过多的压力会让人喘不过气来，但是如果生活没有任何压力，就会像空舱的船只一样。

一艘货轮卸货后返航的时候，突然遭遇巨大风暴，大家都惊慌失措了。就在这个危急时刻，老船长果断下令："打开所有货舱，立刻往里面灌水。"往货舱里灌水？水手们惊呆了，这时候本来就危险，怎么还能往里面灌水呢？险上加险，这不是给自己找麻烦吗？不是自找死路吗？

只听老船长镇定地解释道："大家见过根深干粗的树被暴风刮倒过吗？被刮倒的是没有根基的小树。"水手们半信半疑地照着做了。虽然暴风巨浪依旧那么猛烈，但随着货舱里的水越来越高，货轮渐渐地平稳，不再害怕风暴的袭击了。

大家都松了一口气，纷纷请教船长是怎么回事。船长微笑着回答道："一只空木桶很容易被风打翻，如果装满了水，风是吹不倒的。一样的道理，空船最危险，给船加点水，让船负重才最安全。"

空舱的船只最危险，遇到暴风雨就会被彻底打翻。给船加点水，让船负重，才是最安全的。其实，人生何尝不是如此？人生没有了压力，生活就会失去动力，失去激情，只会让人庸俗不堪。而适当的压力，可以避免人们懒散，提醒自己向着目标一步步靠近，让生活变得充实精彩。生活中，在这个四周充满竞争的社会里，谁要是拒绝压力，就注定无法生存。

很多人喜欢安逸的生活，可是殊不知，安逸的生活就等于慢性自杀。它虽然没有艰难困苦，没有刀山火海，更没有任何压力，但却可以逐渐地消磨你的意志，腐蚀你的心灵，甚至让你失去原本的理想。在毫无压力的生活下，人们逐渐主动放下进取心，放下实现自我的动力，只享受懒散的生活。一旦环境发生变化，生活不再那么顺利，这样的人就会彻底被击垮。

一位哲人说过："要想有所作为，要想过上更好的生活，就必须去面对一些常人所不能承受的压力，你得像古罗马的角斗士一样去勇敢地面对它，战胜它，这就是你必须走的第一步。"所以，生活中最宝贵的东西不是安逸，而是适当的压力。大大小小的压力虽然可能让我们遭遇失败，打击我们的自信心，但它更是成功最好的动力。

美国麻省的艾摩斯特学院曾经做过一个很有意思的实验。

实验人员用很多铁圈把一个小南瓜整个箍住，然后观察当南瓜逐渐长大时能够承受铁圈多大的压力。最初他们估计南瓜最大能够承受大约500磅（228千克）的压力。实验的第一个月，南瓜承受了500磅（228千克）的压力；实验到第二个月时，这个南瓜承受了1500（680千克）磅的压力；当它承受到2000（907千克）磅压力时，研究人员必须把铁圈捆得更牢，以免南瓜把铁圈撑开。最后，整个南瓜承受了超过5000磅（2268千克）的压力，瓜皮才产生破裂。

最后的实验是，实验人员把这个南瓜和其他南瓜放在一起，试着一刀剖下去，看质地有什么不同。当别的南瓜都随着手起刀落噗噗地打开时，这个南瓜却把刀弹开，把斧子也弹开，最后是用电锯锯开的：其果肉的强度已经相当于一株成年的树干！因为在试图突破铁圈包围的过程中，这个南瓜正在全方位地伸展，吸收充分的养分，最终果肉变成坚韧牢固的层层纤维。

其实，我们并没有自己想象得那么脆弱，大多数人能够承受的压力往往会超过自己的预期。只要我们积极应对，人们的承受力将会是潜力无限的。只要我们能够用积极的态度和行动应对压力，就可以发掘潜在的能力，让人生变得更加美好。

因此，压力不是什么大不了的事情，关键是我们如何看待。在压力面前，勇敢地面对，把压力化作动力，在压力的不断鞭策下，迫使自己不断前进，压力就会成为成功的催化剂。我们要想在激烈的职场竞争中取胜，在工作上做到精益求精，就必须学会与压力共存，化压力为动力。

从某种意义上说，我们需要好好感激压力，因为是它让我们的人生变得更精彩，更有活力。不要做一个懦弱者，更不要做一个逃避者，微笑着面对生活中的压力，我们就会变得更加强大，人生的大船才能行得更稳。

Chapter 12 / 希望寄托于别人身上，本身就是一种错误

一所教堂的椅背上刻着这样一句话："如果你向神求助，说明你相信神的能力；如果神没有帮助你，说明神相信你的能力。"这句话蕴含的乐观精神，才是真正可以拯救人心的神力。

正所谓"求人不如求己"，任何时候，都不要把自己的命运寄托在别人身上，改变未来，只能靠自己。

能让你幸福的，只有你自己

人的欲望是无穷的，每个人都有不同的追求，这些追求不会随着目标实现而停止，得到一份之后，可能还想要得到两份。在古代，人们只盼着过上"一箪食、一豆羹"的生活就很知足了，而现在，即使天天山珍海味，也不会知足。就这样，人们把自己带入一个怪圈，就像小猫追着自己的尾巴一样，目标永远在出现，但永远也无法达到最终点。在这个过程中，人们给自己背的包袱越来越重，最后把自己压得再也走不动了。

清朝钱泳曾说："贫贱近雅，富贵近俗，雅中带俗。可以资生，俗中带雅，可以处世。"现在，科技进步，社会繁华，却少了"雅"，这份"雅"被留在了童年的记忆中。很多人已经找不到这份"雅"了，从而迷失了自己。

蒙田说："世界上最重要的事莫过于懂得让自己属于自己，必须阖门闭户重新拥有自己。"我们为繁华付出了太多，反而把自己丢失了。很多人抱怨压力太重，喘不过气来，想通过别人的帮助得到解放与救赎，殊不知，真正能解放自己的人只有自己。

从前，有个得了皮肤病的人，一直躺在路旁，等着人把他背到有神奇力量的水池边，因为他病得很重，只有那个神奇的水池里的水能够治好他的病。但是，皮肤病是会传染的，没有人愿意帮助他，于是，他就一直躺在那儿。40年过去了，他仍然没有往那水池迈进半步。

有一天，一位老人碰见了他，看他奄奄一息地躺在那，便问道：

"先生，你想不想自己的病被医治好？"

"当然想呀！可是人们都太自私了，40年了，没有一个人愿意帮我，他们只会考虑自己会不会被传染。"

这位老人没有理会他的解释，继续问："你要不要被医治？"

"要，当然要！但是我的病太重了，没等我爬过去，恐怕已经死在路上了。"

老人听了皮肤病人的话后有点生气，再次问他："你到底要不要被医治？"

病人说："要！"

老人回答说："好，你现在就站起来自己走到水池边，没人帮你，你就得自己帮自己！"

老人的这番话让皮肤病人深感羞愧，他立即挣扎着站起身来，走向池水边去，用手心盛着水喝了几口。刹那间，纠缠他40年的皮肤病竟然好了！

皮肤病人因为懒得走就把病一拖再拖，结果拖了40年，他总是盼望着周围的人能够帮助他，总是在不停地抱怨，但就是不愿意自己走到水池边去。

其实，我们也许就是那个皮肤病人，常常不愿直面人生，总盼着别人能够过来拯救，但是时光飞逝之后才发现，那个真正能解放自己的人只有自己。

除了把希望寄托在别人身上外，人们还常常给自己制造一些无形的压力。在瞬息万变的社会中，你的手、眼、口、耳等已经太过于疲劳了，而最不得闲的就是那个大脑，它不停地、快节奏地工作着，最终会因过于疲乏而罢工。那时，你再想到给它一个空间，已经来不及了。大脑需要一个闲适的空间休息，你也需要在百忙之中给自己留一份宁静小憩，调解自己。

小蜗牛问妈妈："为什么我们从生下来就要背这个又硬又重的壳呢？这壳简直太重了！"

蜗牛妈妈回答说："因为我们的身体没有骨骼支撑，只能爬，可又爬不快。我们的身体太柔软了，所以需要用这个壳来保护自己。"

小蜗牛奇怪了："毛虫妹妹没有骨头，爬得也比我们快不了多少，为什么她却不用背这个又硬又重的壳呢？我要是没有壳，肯定比它爬得快！"

蜗牛妈妈回答说："因为毛虫妹妹能变成蝴蝶，天空会保护她啊！"

小蜗牛接着问："可是蚯蚓弟弟也没骨头爬不快，也不会变成蝴蝶，为什么不用背这个又硬又重的壳呢？"

蜗牛妈妈回答说："因为蚯蚓弟弟会钻土，大地会保护他啊！"

小蜗牛哭了起来："我们好可怜，天空和大地都不愿意保护我们。"

蜗牛妈妈安慰他说："所以我们有壳，不靠天，也不靠地，只靠自己。"

"不靠天，不靠地，只靠自己！"多好的一句格言！只有自立的人格力量才能拯救自己。如果我们永远不能自立，就将永远不能摆脱困境。经不起小小的坎坷，当然赢不了别人的尊重。

不要因为外界的一切而把自己的思路打乱，每个人都有不同的性格，不同的处世方法，没有人可以左右别人。因此，你要明白，如果你觉得看不惯的时候，只能改变自己。我们不能为了别人而把自己置于深渊不能自拔，不要指望着谁能帮你减轻痛苦，真正能解放你的人只有自己。

靠山山会倒，靠人人会跑

危难时，能够得到别人的伸手相助，是一件很幸福的事，但是现在很多人陷入一个人际关系的误区，常常把希望寄托在别人身上，把麻烦别人当成理所当然的事。今天让这个朋友帮忙，明天让那个朋友帮忙，且不说你是否会令别人觉得反感，久而久之，你也会形成依赖别人的习惯，渐渐失去自我。

要知道，人的潜能是被激发才能发挥出来的。如果总喜欢让别人替你去做，你自己的能力也会慢慢丧失。而且，别人也有工作要做，有自己的生活，所以我们不能把希望总放在别人身上。

从前有一个孤儿，每天衣衫褴褛地在大街上求人施舍。一天，他突发奇想，跑到摩天大楼的工地上，向一位衣着华丽的建筑承包商请教说："我该怎么做，长大后才会跟你一样拥有自己的事业，拥有数不清的财富呢？"

这位建筑承包商先是一愣，看着这个乞丐一样的孩子，本来打算不予理睬，但是看到小男孩一副可怜的模样，便回答说："既然你问了，我就先给你讲一个故事吧！三个人一起去开沟渠，一个拄着铲子说，他将来一定要做老板；第二个抱怨工作时间长，报酬低；第三个只是低头挖沟。许多年过去了，第一个仍在拄着铲子；第二个虚报工伤，找到借口退休；第三个呢？他成了那家公司的老板。小伙子，仔细思考一下这个故事，成功者往往不会多说话，只会埋头苦干。"

小男孩满脸困惑，百思不得其解，承包商指着那批正在脚手架上工作的建筑工人，对男孩说："看到他们了吗？这些人都是我的工人，我无法记得他们每个人的名字，甚至有些人，根本连面容都没印象。但是，你仔细瞧他们，那边那个晒得红红、穿一件红色衣服的人，他每天总是比其他人早一点上工，工作时也比较拼命，比别人更卖力、更起劲。而下工的时候，他总是最后一个下班。我现在就要过去找他，派他当我的监工。从今天开始，我相信他会更卖命，说不定很快就会成为我的副手。"

"当年，我也是这样爬上来的。我非常卖力地工作，表现得比所有人都好。不久，我就出头了。老板注意到我，升我当工头。后来，我存够了钱，终于自己当了老板。只要多干一点，总会成为突出的那一个，人们总是会发现你，这样你就更加接近成功了。"

小男孩明白这个道理，他不再四处求人施舍，而是开始自食其力捡破烂。他总是起得比别人早，跑得比别人勤，再加上不怕脏，每天的收入都很可观。然后，他把几乎所有捡破烂赚来的钱都拿来买书，充实自己。

后来，人们都知道了有这样一个勤奋好学的小男孩，一个家境富裕而又膝下无子的人收养了男孩，开始供他上学。

小男孩毕业后靠着自己的力量成为一个成功的商人。

有些事只有自己才能解决，别人也许会在危难时成为那个雪中送炭的人，但绝对不会是你人生中的唯一希望，因为你的希望掌握在自己手中。每个人的手掌上都有一条命运线，当你张望别人希望改变命运时，握紧你的拳头，你看到了什么？你的命运线在哪里？就在你自己的手中。

当我们迷失方向时求助于人是可以的，但求助之后怎样找到方向是要自己来掌握的。人的背景、境遇不同，处理事情的方法也会不一样，也许他用这个方法会解决问题，但你使用之后却毫无效果甚至适得其反。那是因为，你就是你，你的路要按你的方式走。

　　在澳大利亚的草原上，一只迷失方向的袋鼠四处跑着，它找不到走出大草原的路了。眼看天就要黑了，这说明袋鼠越来越危险，它明白：在黑暗中，只要自己走错一步，就有可能掉入深坑或陷入沼泽；但如果原地不动等天亮，它就会成为那些潜伏在黑暗中的猛兽的晚餐。袋鼠此时感到前所未有的恐惧。

　　突然，袋鼠发现前方还有一只小兔子在不停地赶路，它高兴极了，连忙向前打招呼："亲爱的小兔子，我迷路了，你能帮我走出这片大草原吗？"

　　"我这不是正准备离开这片危险的大草原吗？我已经知道路在哪里了，我们一起走吧。"小兔子友善地对袋鼠说。

　　袋鼠跟在小兔子身后，不停地向前走，突然它又发现，它们无论怎么走都在这片危机四伏的大草原上原地打转，原来黑夜让原本知道路的小兔子也迷失了方向。于是，失望的袋鼠离开同样迷途的小兔子，摸着黑，一步一步地朝前走。

　　不久，一只正在赶路的长颈鹿出现在袋鼠面前。长颈鹿看起来比小兔子更有信心，它自信满满地跟袋鼠打包票，说："放心吧，兄弟，这片草原我走多少回了，而且还有一份精确的地图，一定可以带你离开这里。"

　　于是，袋鼠又把求生的希望寄托在长颈鹿身上，它满心欢喜地跟在长颈鹿身后，直到筋疲力尽时，它们还在大草原上打转。袋鼠忍不住地要过长颈鹿手中的地图仔细一看，才发现这哪里是什么草原呀？这是北方的沙漠地区。袋鼠又一次失望，它离开了长颈鹿。

　　疲惫和恐惧渐渐侵蚀着袋鼠的勇气和信心，它在大草原上漫无目的地转着。就那样，一直转呀，转呀，渐渐地，它放弃了所有希望，沮丧地躺在草原上打算听天由命。

　　它再次留恋地看了一下星空，把手插进胸前的口袋中，本来想在死之前再美美吃一顿，谁料跟着食物一起出来的竟然还有一份地图。它突然想起来，这是在超市买东西时服务员当礼品赠送的。袋鼠若有所悟地笑了：原来，自己本就知道真正的路呀！

每个人都有一条属于自己的路，哪怕我们陷入困境，也得用尽全力激发心中的地图，带领我们离开危险的草原。把希望寄托在别人身上，你的命运就会由别人来决定，当希望破灭，你的人生也就终结了。

当然，我们不能绝对拒绝别人的帮助，讳疾忌医也是人生最大的失误。不过，凡事亲力亲为，不依赖别人也是人最大的美德。这个世界上，没有免费的午餐，自己的命运不能由别人决定，你才是自己灵魂的拯救者。

"站在巨人肩上"，并不等同于"啃老"

"一直无业，二老啃光，三餐饱食，四肢无力，五官端正，六亲不认，七分任性，八方逍遥，九（久）坐不动，十分无用。"你知道这个谜语的谜底是什么吗？你现在是不是像谜语中一样的状态呢？已经成年却仍然像婴儿一样离不开父母的庇护，坐在父母的肩头上啃着苹果，不但不觉得羞愧，反而吃得津津有味，社会上给这些人群起了一个名字——"啃老族"。

现在，社会上的"啃老族"似乎越来越多。随着社会压力的增加，竞争的激烈，有些人干脆躲在父母的怀抱，做起了名副其实的"Mama's baby"。"啃老族"这个词已经不新鲜，很多的"80后""90后"被归在了这类人中。他们毕业后找不到工作，也不想受创业之苦，于是闲在家中，衣食靠父母供应，像个"没断奶"的娃娃一样，做起"襁褓青年"。

周硕已经毕业五年了，但仍然在家过着"没断奶"的生活，可谓一个十足的"啃老族"。其实，他并不是找不到工作，而是不愿意工作，讨厌工作压力大，讨厌每天早起，讨厌加班，讨厌与人相处，于是刚找到一份工作就辞职了。

他每天在家里啃着老爸和老妈的那点工资。不要以为所有"啃老族"的家境都好，周硕的家境就不是太好，但是周硕觉得自己还没长大，不愿意一毕业就离开那个给他无私支援的家。周硕的爸爸妈妈也认为，这是周瑜打黄盖，一个愿打，一个愿挨，儿子愿意在家，那就让他在家待着。

不过，周硕闲着在家这段时间心理压力很大，在外人看来，毕业了不工作，还啃老爸老妈的那点工资，实在是不像话。周硕受不了压力出去找工作，但他要求月薪必须在4 000元以上，低于这个工资他都不愿意干。结果，他发现用人单位开出的工资都没有他期望的高，于是干脆放弃找工作，心安理得地当起了"啃老族"。

五年的啃老生活，给周硕的爸爸妈妈带来很大的经济压力，最后他们无法承受便决定劝周硕去找工作。可是，周硕已经习惯了"啃老"的日子，常常以金融危机影响、工作不好找为借口，继续心安理得地依靠父母生活。父母拿他一点办法都没有。

中国传统观念中就有"养儿防老"一说，但据统计，现在城市中30%的年轻人靠"啃老"过活，65%的家庭存在"啃老"问题。往往父母创造的家庭条件越优越，孩子的"啃老"问题也就越严重。特别是现在独生子女越来越多，很多人把自己娇惯起来，父母既然创造了这么优越的条件，自己努力还有什么用？明明有些东西触手可及，自己为什么还要历经艰辛去获得？

因此，"啃老族"很坦然地坐上父母的肩头，在父母创造的优越环境中享受着。不过，留意一下父母吧！随着你年龄的增加，他们已经慢慢进入老年，也需要得到一个依靠。当你发现他们大不如从前时，应该以自己坚实的臂膀给他们一个依靠，而不是继续享受他们创造的一切。

江小文大学毕业后，接连找了几份工作，都没有干多长时间就辞职不干了。他辞职的理由很多，如工作太累，上班的地方离家太远等。而且，因为他的暴躁脾气，几乎在每个单位，人际关系都没处好。

后来，江小文干脆放弃找工作的想法，整天待在家里上网、睡觉，要么就是与朋友一起抽烟、喝酒、泡吧，每月最低开销也要3 000

多元。家里人劝他出去找工作，可他有自己的理由："那些工作要么是体力活，要么就经常加班，很累，工资又不高，有什么好干的。"

江小文的爸爸也拿他没办法，催得急了，江小文还振振有词："这样的情况又不只我一个。工作我迟早会找的，你们又不是没钱，干吗老催着我去工作啊？"

总之，他对爸爸妈妈劝他找工作相当反感。

江小文似乎已经被社会打败了，很多年轻人并非因为所谓的"富二代""官二代"才做起"啃老族"的，而是像江小文一样，刚毕业时心高气傲，认为自己是天底下最有能力的人，可受了几次打击之后便没了气焰，最后干脆像蜗牛一样缩到壳子中。

"啃老族"的年轻人，请认清现实吧！每日无所事事地坐着，总有一天会坐吃山空，父母不会陪我们一生，当离开了父母的支撑，你要怎样一个人生活呢？因此，快快从父母的肩头上下来，成为自立自强的社会人，完成完美的角色转换，给辛苦抚养自己的父母以回报。

走出温室，强化自己的能力，跳下父母的肩头，主动承担责任，享受自己种出的苹果，会更加香甜。

用自己的努力换来的幸福更甘甜

我们常常有这样的体会，亲自动手做成的东西，虽然不如买来的精致，但却感觉更加宝贵。这是因为，它凝结着我们的努力。幸福也是这样，往往经过自己努力换来的幸福才会更甘甜。自己动手虽然会很辛苦，但是享受过程中的酸甜苦辣往往比只接受结果来得痛快。

民间有一种习俗，小孩子出生后，先会让他尝一尝大黄的味道，然后再去尝甘草汁，最后才会正常进食，那是因为，只有让小孩子尝到苦之后，才会感觉到甜。生活也是如此。如果没有通过努力而轻易得到，就不会感觉到可贵，就像我们毕业后领到第一份工资，虽然很少，但会觉得无比幸福。那是因为，这份工资中包含着自己的汗水与泪水，是通过努力换来的。

王永庆小时候家里十分贫穷，由于他在兄妹中排行老大，从小就担负着繁重的家务。六岁起，他每天一大早就起床，赤脚担着水桶，一步步爬上屋后两百多级的小山坡，再赶到山下的水潭里去汲水，然后从原路再挑回家，一天要往返五六趟，十分辛苦。

小学毕业后，为了维持一家人的生计，王永庆没有继续上初中，而是来到嘉义一家米店当学徒。干了大概一年，父亲见小永庆有独立创业的潜能，就向亲戚朋友借了两百元钱，帮他开了一家米店。

米店虽小，但对于王永庆而言，这是他人生中第一家自己的"产业"，经营起来特别用心。为了建立客户关系，他用心盘算每家用米的消耗量。当他估计某家的米差不多快吃完的时候，就主动将米送到顾客家里。这种周到的服务，一方面确保那些老主顾家里从来不会断米，另一方面也给顾客提供了方便。尤其那些老弱病残的顾客，更是感激不尽，自从在王永庆的米店买过米后，就再也没到别家去过。

王永庆胸怀大志，让他并不满足于单独卖米。为增加利润，他减少了从碾米厂进货这一中间环节，添置了碾米设备，自己碾米卖。在王永庆经营米店的同时，他的隔壁有一家日本人经营的碾米厂，一般到了下午五点就要停工休息，但王永庆则一直工作到晚上十点半。结果可想而知，日本人的业绩总是落后于王永庆。

当人们问起王永庆成功的秘诀时，他说了四个字："吃苦耐劳。"

对王永庆而言，挫折是一个检修站，可以告诉他错误在哪儿，经过合理分析、修理之后，他才能更好地上路。面对人生的种种磨难，他的成功秘诀只有四个字——吃苦耐劳，"吃得苦中苦，方为人上人"的精神在王永庆身上得到充分实践。只有经过一步步努力，才会看到成功的大门。

不愿努力、不能努力、不敢努力的人，往往会碌碌无为终生。如果能忍受一般人忍不了的痛，吃一般人吃不了的苦，想一般人想不到的事，坚持一般人坚持不了的信念，终究有一天，你会走出困境，享受人生。

美国诗人朗费罗说："天才只是无限的惨淡经营与勤勉。"对于一位成功者来说，也是如此。我们纵览古今，那些真正事业有成的企业家无不是勤勉发愤、刻苦工作的，以至于他们中不少人被视为"工作狂"或"疯子"。通常，那些游手好闲、不肯吃苦耐劳的人，总是有各种漂亮的借口，他们不愿好好地工作、劳动，却常常想出各种理由为自己辩解。

确实，一心想拥有某种东西，却害怕或不愿意付出相应的劳动，这是懦夫的表现。无论多么美好的东西，只有付出相应的劳动和汗水，才能懂得这美好的东西是多么的来之不易，才能愈加珍惜它。即使是一份悠闲，如果不是通过自己的努力而得来，这份悠闲也就并不甜美。不是用自己的劳动和汗水换来的东西，你就不配享用它。

现实社会中，无论一个人处在什么样的社会阶层，具有什么样的地位和身份，他都必须或者说有义务努力劳动。无论是穷人还是富人，无论是身居要职还是普通岗位，都必须各司其职，各尽其力，各尽所能，为社会做出自己应有的贡献。

事业有成者，无一不是兢兢业业、勤勉工作的，懒惰是成功最大的敌人。现在社会中，企图不劳而获是不可能、也是不现实的。对我们来说，要勤勉不要懒惰，就如同要成功不要失败一样重要。

如此看来，"努力"是一个人的命运从低谷走向高潮的过程，是一个人从怯弱步向强悍的桥梁。所以在困难面前，我们不应该早早放弃，而要相信自己，敢于拼搏，善于从挫折和失败中汲取经验，获得进步和升华。每个人都有自己的天赋，有自己的优点，天生我材必有用，必定有一个领域是我们可以做到最好的。这样的人生，定能绽放幸福的光芒！

Chapter 13 / 机遇只在转瞬间，
准备越多，错过越多

　　人生从来不缺乏机遇，我们缺少的只是对机遇的把握。机遇从来都是为有准备的人而来的，只有我们积累了足够的实力，做好了充分的准备，才能在机遇来临的瞬间牢牢抓稳它。否则，你将永远无法得到机遇的青睐。

机遇从不青睐只会等待的人

"逝者如斯夫，不舍昼夜。"意思是说，过去的一切像奔腾的河水一样不分白天黑夜地流逝着，时光就这样匆匆而过，不会因为谁而停留。但是，现在很多人仍在等待中虚度自己的青春，他们有着共同的理由：没有合适的机会。

机会在哪里？其实就在你的身边，但很多人没有发现。人们一直在等待伯乐的到来，却不知道时间已经匆匆流逝，伯乐其实已经从他身边走过。虽然"万事俱备，只欠东风"，但是既然万事都已经"俱备"，为什么不自己创造东风呢？一味地等待未起的东风，即使准备充分，也毫无用处。

王芳带着北京某高校法律系毕业证到一家律师事务所应聘律师。但她看到这个事务所的招聘条件后，很是失望。这家律师事务所要求十分严格，既要求有名牌大学的毕业证，又要求有律师资格证，虽然这两个条件对她来说不是问题，但是最后一条却成为一个门槛：必须有3年以上的律师工作经验。

通过王芳一再要求，主考官终于答应她参加笔试。谁料到，她不但顺利通过笔试，并且成绩名列前茅，首席律师终于让她进行了复试。

首席律师对王芳十分欣赏，再加上她的笔试成绩最好，可是当他知道王芳只在某法院实习过一个月时，就显得十分失望。最后，他让她回去，并说如果录取，会打电话通知她。

出人意料的是，王芳突然从口袋里掏出3元钱双手捧给面前的首席律师，请他无论录用与否都给她打电话。首席律师奇怪了："你怎么知道我不会给你打电话？"

王芳说："你说如果录取就打电话给我，也就是我很有可能没有被录取，我想知道是由于什么原因让我这次失败了，下次我不会再犯这样的错误。这3元钱……"她微笑着继续说，"给没有被录用的人打电话不属于律师事务所的正常开支，所以由我付电话费。"

这时从外面走进来一位中年男子，他笑着对首席律师说："这3元钱我先替你保管着，我现在就通知你，你被录用了。"原来这个人就是事务所的总经理，而他也正一路观察着王芳。

王芳在机会面前没有错失，她懂得自己创造一切可能的机会。有些时候，我们的一时等待，可能就会与成功失之交臂，因为成功从来不会等待你的准备。

青春经受不起一再蹉跎，时间就是生命，机会永远留给有准备的人，就像公交车一样，如果车已经来了，你还没有准备好零钱投币，便无法上车。机会是自己争取来的，就像超市大减价的商品，如果你不去排队往前挤，别人就会赶在你的前边。

爱迪生小的时候家里非常穷，每次放暑假后，他不想像别的孩子那样无忧无虑地玩耍，要出去找一份工作。于是，小爱迪生对爸爸说："爸爸，我不要整个夏天都向你要钱，我要自己找一份工作。"

爸爸听了之后十分震惊，想了一下也对，便对爱迪生说："好呀！我的确可以帮你找一份工作，但是现在失业的人那么多，工作可不好找。"

爱迪生摇了摇头，说："爸爸，你还没有弄明白我的意思，我是说我要自己为自己找一份工作。也就是说，不需要爸爸帮我，一切都由自己来。而且，爸爸你也没有必要那样消极，虽然现在很多人失业，但我不一定找不到工作！有些人，我是说有些人总可以找到适合自己的工作的。"

"哪些人？孩子。"

"那些会动脑筋的人。"爱迪生回答道。

爱迪生在门口的广告栏上找了很长时间，终于找到一份适合自己的工作，招聘信息上写着明天上午9点到位于林肯街的一座大楼面试，爱迪生仔细地记下。

第二天，爱迪生没有敢睡懒觉，他早上8点就早早地到达那里，本以为自己来得挺早，可是已经有20个男孩在排队了，他只好排在队伍的第21名。

怎样才能引起注意而成功应聘呢？爱迪生在队伍中反复思考这个问题。他认为只要积极思考，办法一定会有的，但是思考可真是一件令人头疼的事情。

最后，爱迪生终于想出一个好主意。他拿出一张纸，在上面端端正正地写了一些字，然后整整齐齐地折好，走向秘书小姐，恭敬地对她说："小姐，请您马上把这张字条交给您的老板，这非常重要。"

这位秘书小姐可是一个极其聪明的人。如果爱迪生只是一个普通男孩，她可能就会说："算了吧，小家伙。请你回到你21号的位子去吧。"但是，她早已注意到了这个小伙子看起来是一个机智而勇敢的家伙，一定不是一个普通男孩，那种自信是一般人所没有的。

"好吧。"她说，"那我可以看看这张字条吗？"秘书小姐看了看字条，不禁微笑了起来，立刻站起来，走向老板的办公室，把字条交给了老板。

后来，爱迪生真的被录用了，他是当时为数不多的几名幸运儿之一。因为那张字条上写着：先生，我排在第21位，在您没有看到我之前，请不要做任何决定。

爱迪生没有一味地等待，很多机会不会因为你的等待便向你靠近，"是金子迟早会放光"这句话没有错，但如果没有人发掘，金子也绽放不了光彩。既然别人没有发现，那就尽量自己创造机会让人发现吧！给自己创造一个机会，说不定人生也会随之改变。

　　强者从来不会在等待中消磨自己的时光，而是主动播下种子创造机遇，到了秋天才会有一个好收成。"莫等待，白了少年头，空悲切。"东风也许不会为你吹起，但你可以为自己创造一个属于自己的东风。

远离口舌之争，用行动争取机会

鹬鸟和翠鸟在河边争夺一条大鱼，老渔翁发现后，便用鱼叉刺去，但并没有击中。

鹬鸟趁着翠鸟发愣的时候，机智地抢走大鱼，逃之夭夭。翠鸟发现目标落空后，又捉到一只泥鳅，泥鳅使劲挣扎从翠鸟嘴中滑落下来，正好掉在河滩上敞开怀抱晒太阳的河蚌身上。河蚌合住了盖子，把泥鳅给夹住了。翠鸟急了，想从河蚌壳里夺回泥鳅，但是鹬鸟发现后又飞来赶走翠鸟，鹬鸟与河蚌为了争夺泥鳅打了起来。

这是一场发生在沙滩上关于智慧与心理的争斗。虽然泥鳅被鹬鸟吞下肚子，但是它的一条腿被河蚌夹伤了。双方都不肯善罢甘休，斗争就这样继续着。鹬鸟佯装打盹，河蚌慢慢张开两壳，伺机进攻。鹬鸟出其不意猛然回头啄去，早有准备的河蚌立刻合拢，把鹬鸟的长喙死死夹住，它们就这样长时间僵持着。

突然，那个老渔翁又来了，他早已守候在芦苇中等了很久，现在正好把两个都捉走：河蚌下酒，鹬鸟换钱。

"鹬蚌相争，渔翁得利。"就像站台上常常会出现因插队而争吵的现象，在他们争论谁前谁后的时候，后面的人已经赶了上来。这种争论不仅给自己惹一肚子气，还不能提前买到票，甚至买票的时间还会靠后。在人与人的交往中，常常会出现此类无意义的争论，而且只要出现争论，几乎都会以无结果告终。因为在争论中，人会更加肯定自己的意见，这是人天生的自我保护心理。

世间的许多问题本身没有明确的答案。人生本来就是真真假假、是是非非，说不清道不明，非要与别人争出个对错来，即使能够赢得口头上的胜利，却给自己徒增了几分烦恼和忧虑，无疑是得不偿失。

每次争论中，人的情绪都会异常激动，头脑发热的你与外界变化隔断，再加上某些机遇本就不会停下来等待争论结果，它们只会随着时光匆匆溜走。因此，那些无意义的争论换来的只是"人去楼空"而已。

我们身边，很多人喜欢争论，这是性格所致，更何况某些情况下，争论的确不可杜绝，我们只能想办法避免争论。避免争论，需要你以一颗平常心看待周围的事物，做一个大度的人，对于不同的意见能虚心接受。如果你是一个脾气不好的人，一定要注意分清事情的轻重缓急，有些时候你的抗拒、争辩只能使事态恶化，"到嘴的鸭子"也有可能因为你的口舌之快而"飞"掉。

赵小斌是个平凡的洗车工，做事认真，每次都会认真仔细地为顾客洗车。一次，店里来了一位常客，但这位常客非常苛刻，大多数洗车工都不愿意为他洗车。这时，大家就把新来的赵小斌推了出去，让他尝尝苦头。

赵小斌就去为顾客洗车了，就像平常一样仔细、认真，但这位顾客还是会鸡蛋里挑骨头，把赵小斌数落了一顿。其他店员看了说："瞧！赵小斌这么认真，照样伺候不好这位'大老爷'！"然后，就一起哄然大笑起来。

等赵小斌洗完车送走顾客后，大家一窝蜂地围上他，非要问一问那位刁蛮的顾客究竟是怎么挑剔他的。赵小斌心想，你们几个关键时刻把我推出去，自己在这躲灾也就罢了，还反过来问我，真是过分。但最后，赵小斌只是笑了笑，什么也没说就走了。

后来，赵小斌一直为那位刁蛮的顾客服务，尽管每次都要挨一顿数落。一次，那位顾客又来店里洗车，可是赵小斌不在，顾客那天奇迹般地没有说一句刁难的话，临走的时候还要了赵小斌的联系方式。

第二天，赵小斌就接到那位顾客的电话，问他愿不愿当他的司机。赵小斌欣然答应了。

面对顾客的挑剔，赵小斌只是更细心、更认真地服务，哪怕顾客说的话再难听，他也从来不会争执。正是因为这样，他才会由一个小小的洗车工变为老板的私人司机。很多人面对别人的故意挑剔时，常常会为自己辩护，与人起争执。但是，这种争执只能让你的情绪受到影响，工作受到影响，并不能为你争来什么，而丢掉无谓的争执，出现的可能就是机遇，就是人生的转机。

歌剧男高音真·皮尔士说："我与太太在结婚前订下过协议，如果一个人大声吼叫时，另一个就静静听。因为两个人都大吼时，谁也听不见对方的话了。"可见，任何的争论都是没有意义的，也解决不了任何问题，因为争论根本不会改变对方的想法。林肯说过："任何有所作为的人，绝不会在与私人的争论上耗费时间。"如果遇到问题的时候各让一步，也许就会出现"双赢"的结果。

不要把你的精神都放在那些毫无意义的争论上，各退一步才会海阔天空，要想树上的果子不被小鸟吃掉，不是在树下争论摘的方法，而是尽快行动起来，把果子装到箱子中。

考虑得越多，问题也就越多

克雷洛夫曾经说过："现实是此岸，理想是彼岸，中间隔着湍急的河流，行动则是架在河上的桥梁。"

小时候，我们的世界充满五彩缤纷的梦想，但随着时间的推移，这些梦想像肥皂泡一样破灭了。为什么我们的梦想那么容易落空呢？原因很简单，我们常常把梦想停留在"想"的位置，而没有落实到行动上。

生活中，我们常常会看到超市大减价上标着："心动不如行动"，这时你一定会加快步伐，把那些吸引你的商品带回家。对于自己心中的梦想，也是一样。我们在心中规划的蓝图，只有付之于行动，才可能变成现实，成功的最大秘诀就是行动。

我们不妨来看一则小故事：

教堂中住了很多只老鼠，牧师便养了一只猫。这只猫特别能干，很会抓老鼠，因此，老鼠的数量不断减少。最后，老鼠们吓得只好天天躲在洞里，不再轻易外出了。

在这种情况下，老鼠大王组织召开了一个老鼠会议，紧急商讨怎样对付猫吃老鼠的问题。

老鼠们一个个开动聪明的头脑，想到很多独特的方法。有的老鼠建议研究一种毒药，悄悄放到猫的食物里；有的老鼠建议用热黄油烫死猫；有的老鼠提议，遇到猫后一起上咬死它……大家各抒己见，可是都不是上上策，不能保证既消灭猫咪，又自保性命。

这时，一只号称最聪明的老鼠站起来，提议到："猫的武功太高强，死打硬拼我们不是它的对手，不如用防。我们在猫的脖子上戴个铃铛，这样以后我们只要听到铃铛的声音，就知道猫来了赶快逃跑，再也不用担心被猫抓到！"

"好办法，好办法，真是个聪明的主意!"老鼠们欢呼雀跃起来，老鼠大王当即批准了这个方案，并宣布："咱们就按系铃的方案对付猫，现在开始落实。有谁愿意接受这个任务？请主动报名吧。"

等了好久，会场里一片寂静。接着，年龄大的老鼠们说："我们老眼昏花，腿脚不灵，最好找个身强体壮的。"而身强体壮的老鼠说："我们平时要给大家找食物，要是我们被抓去了，你们的处境不是更糟，还是找小老鼠吧，他们机灵，跑得快。"而小老鼠则纷纷说："我们年轻，没有经验，怎能担当得了如此重任呢？"

结果，老鼠们仍然继续战战兢兢地生活着……

不得不承认，这是一群非常聪明的老鼠，它们能够集思广益，想出要给猫系铃铛的好方案。可是，光想没有用，还得把这些付诸现实，没有一只老鼠愿意落实这个方案。尽管这个方案很完美，但是没人去做，也就没有任何意义。结果，这群看似聪明的老鼠只能像以前一样战战兢兢地生活。

无论是在工作还是在生活中，常常会见到一些夸夸其谈的人，他们沉迷于自己的构想，常常说自己的计划多么完美，思路多么清晰，但就是不采取什么行动，所以机会便从他们的身边悄悄溜走了。

美国著名的社会心理学家Dr·Super就曾将人的成长期区分为5个阶段——

1. 0—14岁的可塑期：孩子可塑性高，相当具有依赖性，常以哭闹方式向父母及长辈要求，以便满足需要。

2. 15—25岁为探索期：正值青春期，事事好奇，喜以冒险探索的心态追求自己想要的东西。

3．25—44岁的建立期：忙于建立事业基础、家庭基础、经济基础及感情基础，凡事渐趋成熟。

4．45—65岁的维搏期：人生各项大事均已确定，儿女渐趋长大，事业也稳定了，正处于人生的收成季节。

5．65岁以后的衰退期：享受晚年的时光，寻找人生的其他乐趣。

以上分析可见，人生短暂，容不得我们做白日梦，更不允许我们有些许犹豫。如果你的心中有一个梦想，就赶快落实到行动上，哪怕实施后会面临失败，最起码你不会后悔。

趁着还来得急，给自己制定一个目标，并迅速行动起来。成功者的决策不一定有多么英明，那他们为什么会成功呢？因为他们在做出决策之后大胆地实施了，并在一步步努力，哪怕摔倒也会迅速爬起来，因此获得了成功。假如只单凭脑袋空想，那么再英明的决策也会失败。

一家民营集团收购了一家破产的国有企业，企业里的人都翘首盼望着新的领导能带来令人耳目一新的管理办法。

在工厂的动员大会上，新领导诚恳地说：“一切按照原来的管理制度进行，我只有一个要求，请大家把先前的制度坚定不移地执行下去，将所有的规章制度执行到位。”

职工们都面面相觑。按照这样的制度，工厂不还是要破产吗？令人想不到的是，这家企业制度没变，机器设备没变，员工也没有变，什么都没有变。然而，不到一年，企业就扭亏为盈了。

其实，所有领导的绝招只有一个，那就是执行。只有执行到位，才能有成功的机会！对此，马云曾这样说：“三流的点子加上一流的执行水平，要比一流的点子加上三流的执行水平更重要。”

心动不如行动，迈出行动的第一步，成功的概率就会提高。天下最可悲的一句话就是："我当时真的应该那么做，可我没有。"还有不少人总是说："若是我当初……如今早已经……"可惜，生活中没有那么多的假设。一个好的创意胎死腹中，的确会让人叹息不已，永远无法忘怀。如果真的彻底实行，当然有可能带来收获。

回想一下，我们在每天的工作生活中，是不是有些计划曾经让你犹豫，瞻前顾后地不敢行动，结果让别人抢先一步，只能留下满心的懊悔。因此，当你制订了计划，就一定要行动起来，多行动才能有所改变。任何想法不过是海市蜃楼而已，只有切实地行动，才能带你看到真实的繁华。

Chapter 14 / 完美藏在毁灭身后，放下执念，方得洒脱

　　我们一定要明白"满则损，盈则亏"的道理，凡事不要过于追求圆满、追求完美，否则事情就会朝相反的方向发展。如同智者说的那样：完美和毁灭只有一线之隔。放下对完美的执念，接受残缺和遗憾，方能知足常乐。

不求完美，知足常乐

春天的到来送走了白雪皑皑的宁静，苹果长了出来，苹果花也就谢了，"鱼，我所欲也，熊掌，亦我所欲也，两者不可得兼"。很多时候，一个人总是想要得到完美，鱼想要，熊掌也想要，总以为世界上可以两全其美，因此才会感觉自己活得很累，每天都试图把一切做到最好，结果总是做不好。

其实，任何事都会有"瑕疵"，你的完美主义成了一种苛求。事事顺心，稳步高升的工作；花前月下，风花雪月的爱情；无忧无愁，呼风唤雨的生活……这种完美只是你心中的一个梦，工作都会面临挫折，爱情都要面对柴米油盐，生活总会有喜怒哀乐，完美只存在于人的想象中。如果只为了一个想象而偏执地追求，最后只能在光阴蹉跎中悔恨而已。

老人有两个儿子，大儿子是个老实人，小儿子聪明无比。两兄弟长大成人后，老人把他们叫到面前，说："现在你们成年了，应该去外面闯一闯，对面的深山中有世间最珍贵的宝藏，那是世界上精美无比的玉石，你们去寻找吧。如果找不到就要一直找下去！"两个兄弟告别了父亲，背上干粮出发了。

老大低着头上路了，他每走一步都会低头看看路边，就那样一路走一路捡，不管是小玉石还是带着瑕疵的玉，甚至连奇形怪状的石头，全都装进自己的行囊。就这样，他翻过崇山峻岭，终于在两年后到达与兄弟约好的地点。只见兄弟一脸失望，显然他根本没有找到精美无比的玉石，老二把哥哥行囊中的玉石倒了出来，看完之后说：

"根本不是这些东西，这哪里是什么精美的玉石呀！"

老大低头看看，说："我们找了两年都没找到，就把这个带回去吧，说不定玉石就在其中，我们认不出来呢！"

老二摇了摇头："开什么玩笑，你的这些破石头拿回去也会被父亲骂出来的！你想回去就回去，我一定要找到最珍贵的宝藏玉石。"

老大见说服不了兄弟，于是自己带着一行囊的石头回家了。父亲看完这些石头，说："你可以开一家玉石馆或是奇石馆，那些玉石只要加工一下，都能够成为稀世之品。"老大听了父亲的话，很高兴，马上开了家奇石馆。不到一年的工夫，他家的石头便四海扬名，连国王的玉玺也由他来定做。老大获得了很大一笔财富，父亲也很满意。

几年后，父亲生病了，他把老大叫到床边说："你弟弟当初说找不到美玉就不回来，对吧？看来他回不来了，因为他是个不合格的探险家，深山中根本没有什么世上独一无二的美玉，完美在这个世上是不存在的。"

"那我把弟弟找回来？"

"不要去找了，这么多年他都没有领悟到，回来又有什么用呢？如果有一天他能悟出这个道理是他的福气，如果悟不出，那他也会为此付出一生的代价，何必去追回来呢？"

一个人追求完美并没有错，但一定要判断这个完美是否真实。世界上并没有那么多的完美，你执着地追求不存在的东西，只能把身边原本的幸福丢掉。面对生活，不完满才最真实，最值得我们去珍惜的。

幸福就是知足，我们努力追求的结果不就是幸福吗？为什么还要苦苦被完美纠缠？珍惜眼前的，懂得知足常乐，才是最大的幸福。"人有悲欢离合，月有阴晴圆缺"，所以没有必要对自己过于苛刻，幸福源于生活本身。

有一天，小和尚跟随念空大师来到寺后，突然发现后面有一片枯黄的草地。小和尚便说："师傅，快撒些草籽上去吧，这草地太难看了。"

"不着急，什么时候有空了，我就去买一些，草籽什么时候都能撒。"念空大师答道。

冬天过去后，念空大师把草籽买了回来，交给小和尚说："去吧，把草籽撒在地上。"起风了，那些草籽被风刮得满地都是，小和尚很是着急："不好，许多草籽被吹走了！"

念空大师说："没关系，吹走的多半是空的，撒下了也发不了芽，担心什么呢？随性！"

就在这时候，一群小鸟飞来了，又把刚刚撒在地上的草籽吃了。小和尚惊慌地跟念空大师说："不好了，草籽都被小鸟吃了！"

念空大师又说："没关系，草籽多，小鸟是吃不完的，你就放心吧。过不了多久，这里一定有小草！"

第二天早上，小和尚来到院子里，看到地上没有一颗草籽，又去问念空大师："昨晚下了一场大雨，把地上的草籽都冲走了，怎么办啊？"

念空大师不慌不忙地说："不用着急，草籽被冲到哪里就在哪里发芽，随缘吧！"

不久，许多青翠的草苗果然破土而出，原来没有撒到的一些角落里，居然也长出了许多青翠的小草。

小和尚高兴地对念空大师说："太好了，我种的草长出来了！"

念空大师点点头说："随喜！"

我们往往就像那个洒草籽的小和尚，为了自己的美好做了最好的规划，但生活并不会按照已经规划的路去走。草籽究竟能不能发芽，会不会被雨冲走，会不会被小鸟吃掉，这些都是难以预料的。所以，放平心态，任草籽尽力成长，草长出来就是幸福，何必要求那么完美的图案呢？

　　工作中，我们可以苛求自己做到最好，但生活中并没有那么完美。因此，对于不完美没有必要痛苦，也不能抱怨，保持一种"知足常乐"的积极生活态度，你才能看到人生光明的一面，并为此付出更多的努力。知足常乐的人，从来不会要求得到更多，但他们往往得到的最多。那是因为，不完美本就是人生真理、幸福所在。

人生没有如果……

人们总在说："如果回到从前，我将会……""如果我当初不那样做，就不会……""如果再来一次，我一定珍惜……"

可是，人生根本就没有如果，更没有回到从前的机会。时间只能一分一秒地向前走，不能后退。人生也是如此，我们只能前行，根本没有再来一次的机会。

过去的已经过去，已经不能挽回，再也找不回来了。回到从前，只是我们安慰自己的谎言罢了。对过去过于留恋、过于哀伤，除了徒增烦恼、劳心费神外，没有任何用处和好处。

正如一位哲人所说的："未来的种子也深埋于过去的时光里，如果你不能正视自己的过去，很难让你的现在和未来开花结果，这可能会导致更多更大的不幸。"

有一位妇人，上街的时候不小心掉了一把雨伞。她非常懊恼，不停地责怪自己："我怎么这么不小心，如果当时我多留点心，或许雨伞就不会丢了……"

等回到家之后，这位妇人才发现，由于自己太专注已经丢失的雨伞，光顾着埋怨自己，在仓促与不安中竟然又不小心弄丢了自己的钱包。之后，她又开始埋怨自己："如果我那会不那么关注雨伞的话……""如果当时我再小心一点……"

可惜，到了最后，这位妇人还是没有明白这个道理：我们根本没有办法回到从前，人生也根本没有如果。一心想着从前的事情，只能让事情变得更麻烦，让生活变得更糟糕。

过去的事情已经过去，没有办法改变，可以改变的只是以前所发生事情产生的后果。唯一的办法就是忘掉它，拍拍手，重新开始。昨天的阳光再灿烂，也无法驱除今天的雾霾。你纠缠着从前的错误不放，或羞愧万分，或抱怨自己，只是显得自己更加愚蠢罢了。

过去的事已经过去，也无法挽回。回到从前，只能是一次自己骗自己的谎言。不要为打翻的牛奶哭泣，更不要把大好的时光浪费在为错误而懊恼之上。爬起来拍拍身上的灰尘，微笑地面对生活，重新走上新的道路，才是最好的选择。

美国某个中学里，保罗博士在任教期间发现了这样一个问题：班上的许多学生会为已经出来的成绩而感到不安。他们总是在交完考卷后充满忧虑，或者是在发下试卷后，对自己的分数不满。

为了开导这类同学，保罗博士给他们上了这样一堂难忘的课。

一天，保罗博士把这类学生招集到实验室，在给他们讲课的过程中，他把一瓶牛奶放在桌上，沉默不语。学生们不明就里地看着老师，不知道这瓶牛奶和他们要上的这节课有什么关系，只是静静地听课。

忽然，保罗博士站了起来，一巴掌将那瓶牛奶打翻在地上，并大声喊道："不要为打翻的牛奶哭泣！"

学生们都很惊讶，觉得牛奶就这样浪费掉太可惜了。

这时候，保罗博士认真地说："我希望你们永远记住这个道理，牛奶已经流光了，无论你们怎样后悔和抱怨，都没有办法取回一滴。如果你们可以事先加以预防，想一些保住那瓶牛奶的方法，那还是有意义的。可是现在一切都晚了，你们能做的就是吸取这次的教训，然后便把它忘记，开始注意下一件事。"

不错，牛奶已经流光了，无论你再怎么后悔和抱怨，也没有办法挽回。人生短暂，有些事情我们没有办法改变，但是可以改变自己。

生活是幸福还是不幸，一切都在于自己的选择。当你纠缠着从前的错误，为打翻的牛奶而哭泣的时候，生活只能剩下灰色；当你忘记从前，带着一丝微笑上路的时候，你的生活将充满阳光。

人生一世，花开一季，谁的人生没有留下遗憾，谁没有做错事情的时候。有些后悔情绪是正常的，这也是一种自我反省的方式。可是，如果人们过于沉浸过去，就会给现在和未来的生活带来更大的不幸。

从前不论是美好还是遗憾，我们都已经无法回去，可以做到就是不要被过去的事情影响自己的心情，把握好现在和未来，这样才不会让"如果"继续重演。

缺憾也是完美的一部分

说到遗憾，大多数人都有体验，更有说不完的感叹，工作、生活、爱情、婚姻、事业……仔细想想，我们的人生还真的是有很多遗憾，而且这些遗憾大多数是无法弥补的。"人有悲欢离合，月有阴晴圆缺，此事古难全"……苏轼的一曲《水调歌头》道出了人们对悲欢离合充满的无奈，对世事变迁感到的伤感。

之所以会有遗憾，是因为我们总是想到得到最好的，想要人生是完美的。当我们有意无意错过一件事情的时候，这些事情就会成为我们回忆中难以忘怀的美好，于是，它便成为自己内心的一个遗憾。当我们做出一种选择的时候，事后往往会发现自己其实可以有另一种选择，会有更好的做法，于是我们后悔不已，那种更好的选择就成为了一种遗憾……

可是，人生并不可能是完美的，还是会有很多的遗憾，但这些都是自己人生中不可或缺的风景。因为有了这些缺憾，人生才显得更加真实、精彩。况且，即便你极力想把一切事情都做到最好，结果不仅难保不会有遗憾，而且还会花费大把的时间、精力，让自己过得疲惫不堪，甚至失去自我。

一位长相清秀、靓丽的女孩经朋友介绍相亲，她听朋友说，这个男的不但才华横溢，而且英俊帅气。约定见面的那天，女孩早早起床，细细打扮，想让自己以最美的形象出现在他的面前。

临出门时，女孩老是觉得自己不是脸上粉没扑，就是眉没描好，数次往返，最终出门赶到约定地点时，男孩已经离去。女孩非常恼怒，一边埋怨这个男孩不多等她一会儿，一边自责不应耽搁那么长时间。

女孩再次遇到男孩时，男孩身边已有了女朋友。男孩笑着对女孩说："那天，我应该多等你一会儿。"

其实，女孩本没必要画那么长时间的妆，因为男孩喜欢的就是那种清新淡雅、不喜欢浓妆艳抹的女孩。为此，女孩时常叹息，但覆水难收，往事难寻，后悔已无益。

人生中，经常会遇到许多缘分，不经意间的萍水相逢，不经意间的邂逅和错过，都会留下清晰的印迹。许多事，想象总比现实更美，相逢如是，离别亦是。女孩错过了男孩，因此有了遗憾。男孩呢？虽然有了女友，但错过了女孩也不失为一种遗憾，只是他们两人对待这件事的态度截然不同。

女孩总想着挽回，但她深知这是不可能的，所以只能在回忆中修正自己的种种，可这是没有意义的。

生活中有很多美好，也有许多事情往往不能在最后画上一个完满的句号，于是遗憾就自然而然地产生了。如同故事中的男孩和女孩，美好的爱情并没有能够继续下去，只留下了遗憾。生活是现实的，也是残酷的，遗憾在所难免。我们要做的不是抱着错过的爱情忧愁、伤感，而是笑着面对，从遗憾中学会成长。正是因为有了遗憾，我们的生活才会更真实、更精彩，才会更加珍惜现在的生活，努力做好自己，不让明天再留一丝遗憾。

所以，遗憾是生活给予我们的另一种美丽。错失爱情的遗憾，让我们懂得了如何珍惜；失去机会的遗憾，让我们学会如何努力；求而不得的遗憾，则让我们懂得了什么是放弃……现实生活中，没有什么是完美的，每一个遗憾的背后都有一份深沉的美丽。就是因为有遗憾，我们才会努力地追求和拼搏，生命才会分外多彩。如同断臂的维纳斯，它的断臂当然不是雕塑家的初衷，而是从地下挖掘出来时无意中碰掉的。原本雕像手臂的姿态已经无从知道，世人只能略带遗憾去揣摩和遐想。可是，就因为这断臂的不完美，令人惋惜，才成就了它独特的美。

听过这样一个故事：一位左臂残缺的少年去练摔跤，他的教练只教他一个动作，并让他天天重复训练这个动作。

他很是不理解，就问教练何时才能让他学习别的动作。

教练没有正面回答，只说了句："你先努力把这个动作练好。"

后来，在比赛中，他只用这一招连克数敌，最终获得冠军。

他大感不解，跑去请教教练，教练回答："因为对手要破这个动作，唯有抓住对方的左臂。"

对手要破这个动作，唯有抓住少年的左臂，而少年是没有左臂的，这意味着他是很难被打败的。在别人看来的遗憾，却成为少年最终的优势，所以，不要因为遗憾而抱怨、哀怨，更不要执着人生的不完美。只要你坦然面对，何尝不是一种别样的美！

没有经历遗憾的人生是不完整的，更是不真实的。若是遗憾让你心生烦恼，那就学着用阳光心态来对待！用别样的心情看待遗憾，让它以一种别样的美丽绽放在我们心里："一个是太阳，一个是月亮，太阳月亮从不厮守，但谁不说它们天长地久？"

完美的另一面是挑剔

俗话说："金无足赤，人无完人。"世界上没有真的完美，又何必如此苛求自己追求完美呢？有些人喜欢把事物缩小到一个个的细节，把每个细节都做得十全十美；有些人认为做事就要面面俱到，一个佛前一炷香；有些人希望自己得到每个人的认同，哪怕有一个人否定也会十分沮丧……他们有一个共同的特点，就是讨厌"遗憾"，认为既然选择了就要做到完满，留下一丁点遗憾也说明事情没有做好。

然而，世界上哪有不留遗憾的事呢？不能因为一朵花不美丽，就否定整个花圃中的花；不能因为一个不饱满的谷穗，就证明今天收成不好。如果总是要求面面俱到，就会形成一个挑剔的习惯，久而久之，便会戴上"有色眼镜"。这时你的眼中，完美就更不存在了。

一个男子走到一家婚姻介绍所，进了大门以后，迎面看到两扇小门，一扇门上写着"美丽的"，另一扇写着"不太美丽的"。男人就想，里面一定有许多绝色美女，并不停幻想着那些绝色美女的模样，随后推开"美丽的"门。

推开后，远处又出现两扇门，一扇门上面写着"年轻"的，另一扇门上写着"不太年轻"的。男人又开始不停地幻想，并不停地向前走，又推开那扇"年轻"的门。

这样一路走下去，男人先后推开九道门，内心不停地幻想，累得气喘吁吁，最终当他推开最后一道门时，门上又写着一行字：您还是到天上去找吧！

因为男子过度的要求，所以人到中年还没有找到人生伴侣。他一直想找一个完美的伴侣，可到头来却没有伴侣。事事都是有缺憾的，人人也都有缺点，不可能有真正的完美存在，如果过度地苛求完美，只能让自己钻进死胡同，找不到路。

当然，追求完美是每个人都会有的心态，那是追求自我、超越自我的天性，也是一个有理想的人才会做的。只有在不断的追求中，才会完善自己。但是，如果太过执着于完美，不但不会实现自己的梦想，反而会迷失自己。那是因为，你的追求已经变成了苛求，这样的你会变得偏执、挑剔，任何有瑕疵的东西都会被你排斥掉，只坚守心中的那个目标，而那个目标往往又太过于虚幻。

一座山上的寺庙里，住着几个和尚。有一天，老和尚觉得自己时日不多，便想从弟子中找一个接班人来接替他。但是，他的弟子个个都很优秀，他也不知道如何选择。

几天后，他就把所有的弟子都叫过来，吩咐他们去寺院后面的树林里各自找一片最完美的树叶回来。所有的弟子都不知其理，但仍然照着师傅的吩咐去做了。

很多和尚来到树林，心想这么多的树叶到底哪个才是最完美的呢？大家都冥思苦想，不知道什么样的树叶是完美的，但师傅交代的事情也不能应付，更不能不做。于是，他们便在树林里仔细并辛苦地找了起来。结果到天黑，累得气喘吁吁，他们也没能找到那片"最完美的树叶"，最终空手而归。

只有一个和尚心想：这里的树叶这么多，每片树叶又各自不同，什么样的树叶才是最完美的呢？于是，他便在树林里随便拣了一片完整无损并且很干净的树叶带了回去，早早地回到寺院里。

天黑了，老和尚见众人气喘吁吁地空手而归，唯有这个弟子很平静地把一片树叶交给他，便问他："你拣回的这片树叶是最完美的吗？"这个和尚答道："是的，虽然我不知道您说的最完美的树叶是什么样的，但我认为我拣回的树叶是最完美的。"

老和尚听后又问那些空手而归的和尚："你们都没有找到吗？"所有的弟子都说："我们尽心尽力地在树林里找了，但是根本没有找到最完美的。"

最终，老和尚宣布那个拣回树叶的弟子将成为自己的接班人。

以不完美的眼光看待世界的人，是相对完美的人。那是因为，过度追求完美本就是一种心理偏执，反而成了挑剔，蒙蔽了我们的双眼。那些懂得接受缺陷的人，才是真正的智者。

苛求完美的人首先会苛求自己，他们想要事事完美，时时完美，一旦生活、工作达不到他心中的目标，人就会变得浮躁起来，越来越小心，最后胆小怯懦，身心俱疲。其次，便会苛求别人，使得身边的人因为他们的过度挑剔而变得异常谨慎。当这种压力无法承受时，身边人唯一的解决办法就是离他们而去，因为谁也不愿意活在一个处处受苛责的世界中。

这个世界本就是不完美的，你没有权利要求世界完美，也不要过分苛求自己完美，更不要以挑剔的眼光看待身边的一切。否则，你就只会看到身上的缺点，甚至忘掉了原本的优点，自己也会活在苛责中而无法自拔，身心俱疲。

Chapter 15 / 时间都浪费在错误的 人身上，哪还有机会幸福

"不怕神一般的对手，只怕猪一样的队友。"这句话不是调侃，而是实实在在的人生哲理。那些只会给我们带来负面情绪的人，那些无助于我们奋力拼搏的人，都是我们前进路上的挡路石。

我们要学会清扫，学会远离，放弃那些拖你后腿且不值得交往的人，多靠近那些能够让自己成长、强大的人，这样才能在他们身上学到更多，让自己变得更加优秀。

放弃那些不值得的，才能抓紧值得的

抬眼望望周围的世界，没有一种事物可以独立存在。月亮皎洁因它与星星相伴，花朵艳丽因它与草木为依，这世间的人又怎能孑然呢？因此，哪些人值得交往，哪些人一定要远离，是我们每个人应该思考的重要问题。

虽然"交朋友"没有办法制定客观标准，也不必定下某些刻板条件，但古语说："道不同，不相与谋。"选择与什么样的人交往，其实就是选择什么样的生活；有什么样的朋友，你就会有一条什么样的人生道路。所以，当你发现身边的人与你的步调不搭时，一定要果断地断绝来往，放弃那些不值得你再浪费时间与精力去用心经营的关系。

在古代，所有丝织品都是在染坊中加工的。染坊中有无数的装满各色颜料的染缸，染布之时，工匠会把丝织品浸入冒着热气的大缸，浸泡一段时间之后，再捞出晒干，原本雪白的丝织品便有了不同的颜色。

现在，我们所处的社会就像一个大染缸，我们就像雪白的丝织品，身边的环境就是染缸中的染料，久而久之，便会被身边的人影响，并染上各种颜色。所以，一定要远离那些不值得我们交往的人。当然，与一个长久交往的人断绝来往，是一件不容易的事，身心都会陷入痛苦。可是试想一下，如果总是以藕断丝连的态度去对待，"当断不断，必受其害"！

有些朋友靠不住，短期内你们可能关系不错，但经过时间的洗礼就会发现，你一心一意地对待他，他却把你的隐私当成茶余饭后的谈资，会为名为利而出卖你，也会利用、谋害你，这样的人不值得你用心对待，必须与他断交。

一天清晨，蜗牛竖着一对触角，背着硬壳，在旷野上趾高气扬地爬行着。当蜗牛经过一只蛹的身旁时，蛹热情地跟他打招呼说："早上好！表兄！"

蜗牛听了蛹的问候，没好气地大声说："喂，你长得那么丑，怎么好意思叫我表兄呢？我们什么时候成亲戚啦！你怎么能够跟我相提并论呢？"蜗牛还十分傲慢地说，"我有房子，你有吗？"说罢，瞧也不瞧蛹一眼，旁若无人地往前爬走了。

几天以后，那只蛹蜕变成一只长着金翅膀的蝴蝶。

蜗牛见到蝴蝶，想起了那只蛹。他等着蝴蝶主动来问候，但蝴蝶在花丛中飞来飞去，却装作没看见蜗牛。最后，蜗牛实在忍不住了，便开口同蝴蝶打招呼："漂亮的表妹，你在忙什么呀，怎么对你的表兄不理也不睬呢？"

"哦，蜗牛先生，我什么时候又成了你的表妹呀？"蝴蝶冷淡地说，"想当初，当我还是蛹的时候，你不是瞧不起我，不愿意与我为伍吗？现在我能飞了，有自己的事情和伙伴了！"

社会上就有这些"俗友"，本来朋友走到一起就是以共同的理想、目标和志趣相投为基础的，但偏偏有些人，凡事把物质利益放在第一位。这种人很现实，你春风得意时，他们围绕在你的左右，一旦你陷入困境，他们便怕身受连累而消失得无影无踪。所以，对于这种"俗人"，没有必要投入太多的感情。

《红楼梦》中的王熙凤可谓是一个极伶俐的人，人称"明里一盆火，暗里一把刀"。例如，尤二姐被接进府后，她表面上对共侍一夫的尤二姐热情似火，嘘寒问暖，但暗地里却设法陷害，将尤二姐置于死地。这样的人在生活中并不少见，短期内你会觉得他们亲近无比，可长期交往之后，就什么都明白了，他像一个"双面人"一样，会令你有苦难言。

上面的几种人也许会令你觉得与人交往深不可测，但是时间可以让你把一切看穿。最重要的是，看穿之后，你一定要立刻改变自己的态度，不要把时间再浪费在他们身上，因为他们本就如此，不值得你用心。人是有感情的动物，哪怕养一只小猫、小狗，离别时也会觉得伤心，更别说是人了。所以，断交时伤心、生气都是必经过程，但一定要迅速，不要沉浸其中。

人生是一场旅程，关键是与谁同行

有人说，如果想要了解一个人，他身边的朋友是重要的参考资料。也就是说，如果你刚刚认识一个人，就要观察他的社会交往圈子。

上学时，我们曾经做过一个实验：把一枚叶子放入彩色的水中，不久叶脉便会变成彩色。其实，人也是如此。如果一个人长久地处于一个环境，一定会受到这种环境的影响，久而久之，就会与环境融为一体。所以，人生之路，与什么样的人同行最关键。

与品德高尚、学识非凡的人同行，耳濡目染中便深受感染，不自觉地改变着自己，久而久之，你也会成为像他们一样优秀的人。"与君子交友，犹如身披月光；与小人交友，犹如身进蛇窝。"这句话所说的便是其中的道理。每个人成功与否，与身边朋友的善恶有着密切关系。

一只苍蝇骄傲地对蝴蝶炫耀道："瞧，我的人缘多好啊！用朋友遍天下来形容最恰当不过了。而你的人缘就太差了，只有一只小蜜蜂愿意跟你做朋友，难道你不觉得自己很可悲吗？"

"的确，你的朋友是比我多，但它们要么是蟑螂，要么是蚊子，要么是臭虫，没有一个是品质高尚的，因此人类对你们深恶痛绝，并把你们列为除害的对象。而我虽只有小蜜蜂一个朋友，但它却能酿出甘甜的蜜，造福人类。你仔细想想，到底咱们两个谁更可悲？"蝴蝶回答说。

人生路上，朋友的确是必不可少的，但交友却是一门真学问，什么样的人能深交，什么样的人只是泛泛之交，什么样的人一定要避而远之，都需要经过深思熟虑。在走向成功的道路上，一位品行优秀、德才兼备的朋友会助我们一臂之力，让我们取长补短，见贤思齐，从而提高自身修养，一步步迈向成功。

姜健初到一个新公司做业务员，由于没有什么朋友，便与所在区域分公司的另两名业务员常常在一起。因为年龄相似不久便熟识了，大家常在一起聊天、喝酒、吃饭，久而久之，姜健便把他们当成无话不谈的好朋友。

几个月过去了，公司的人事发生调动，原来重用姜健的区域经理离开了公司，公司委派了一位新经理。但是，这位新经理很不看好他们三个，便新招聘了三名业务员，对姜健他们三个置之不理。

姜健对此一直愤愤不平，他与两个同样受冷遇的哥们一起喝上了闷酒。酒桌上，他们越想越生气，还大骂经理不识人才。一个哥们说："就那样的人，我们不伺候了！"另一个哥们也附和着，他们大声喊着要自己做老板，集体辞职。

其实，他们也只是说说而已，本来找一份合适的工作就是一件很不容易的事儿。可是，一天，经理突然叫姜健到他的办公室去一趟。

进了经理室，新经理一脸严肃地说："姜健，如果你不想在这里工作我们不留你，可为什么要鼓动其他员工离职呢？你自己办公司就可以得到很好的发展吗？"

新经理的开门见山让姜健一时语顿。经理看了看他，又继续说："说实话，我虽然不看好你，但也没想过辞退你，为什么你要背叛公司呢？像你这种业务员，以后哪个公司还敢用你呢？算了，你就等最后通知吧！"

第二天，姜健接到公司的辞退通知，而且像新经理说的一样，根本没有哪个公司敢收留他这个"对公司背后下刀子，煽动员工"的人。万般无奈之下，姜健只好自主创业，虽然创业比想象得要难很多，但这是他唯一的路。

　　一年之后，姜健的公司小有起色。一天，当他正与一个老客户谈生意时，原公司的两个哥们找到姜健，他们说想为了姜健的成功而庆祝一下，这让姜健很感动，且约定晚上一起吃饭。两个哥们走后，老客户突然意味深长地说："有些哥们还是要离远点好！"

　　姜健马上听出老客户的话里有话。在他的再三追问下，老客户告诉了姜健被辞退的内幕。当年，新经理上任后对姜健是有些不满，因姜健曾受到原区域经理的厚爱，这让新经理的心中很是不快。

　　后来，新经理了解到姜健与另两名业务员关系很好，便找到这两个人谈话。这期间，新经理表现出对他们两人将要重用的态度，并接受了他们调整公司管理制度的建议，还给两个人提了一级薪水。这两人大为感动，为了讨好这位经理，也为了证明自己和他是一路人，就把那次大家酒后说要创业的事全推到姜健的头上，还说姜健蛊惑他们辞职。因此，姜健就背上了"叛徒"的名字，而不得不走上艰难的创业之路。

　　姜健真心对待的两个哥们，却为了自己的前程而陷害他，让他在业务界背上了"叛徒"的名字。

　　人们常说"多个朋友多条路"，但有时朋友多了也并不一定就是好事。一般而言，人见面三分情，大部分的人是由"见面缘"而发展成为朋友的，所以如果要了解这位朋友是可交还是须避害，必须经过长久的观察，只有遇事的相处才能看得清。

　　我们要学会择善而从，远离那些损友，在人生路上，相扶相持，相伴一生。那么，什么样的人才是善友呢？

　　《论语》中说："友益者三，友直，友谅，友多闻。"孔子把具备这三个特点的朋友称为益友，这三种人是孔子所赞赏的，也是我们应该共同相伴行路的。

　　"友直"，友益者"三友"中被孔子排在第一位。"直"，为正直、真诚的意思，这样的朋友性格独立、刚正不阿，具备特有的人格魅力，不仅是你生活中的良师益友，更是能助你事业一臂之力的贵人。这种朋友可能不会说甜言蜜语，更不会做些表面功夫讨你欢心，他们表面上看起来十分冷淡，没有圆滑的社会交往经验。但如果这样的朋友在你身边，你身处顺境乐不思蜀时，他们会为你敲响警钟，告诉你清醒处世，不要沉溺于快乐。这时你可能会觉得他们太"矫情"，太不变通，而一旦你落入危难，第一个伸出手来帮你的，肯定就是他们。

的确如此，他们会在你喝酒时抢走你手中的杯子，告诉你明天还要工作；他们会在你沉浸游戏时打电话提示你的责任；也许你觉得他不给你面子，砸了你的场子，但是，他们的未雨绸缪与及时劝解，会在你乐得迷糊时把你点醒。假如你突然一无所有，满身疲惫沮丧时，可能很多人会躲着你，甚至怕受你连累而与你绝交，但这时他们会在你的身边鼓励、支持你，给你最好的建议，给你一个踏实的依靠。

"友谅"，友益者"三友"中的第二个条件，这样的朋友在你的人生路上一定是那种最真实、最诚恳的人。"谅"为诚实的意思，这样的朋友不做作。也许他们只是你的一个普通同事、一个小区的邻居，是平凡得不能再平凡的市井百姓，但他们的心灵是安稳的，与他们交往不会担心被骗，也不会担心受拘束。他们的魅力就来自这种淳朴、真挚的情感，与他们一起走路，你的精神也会得到升华。

"友多闻"，友益者"三友"中的最后一个必备条件，"多闻"即知识广博，交际广泛。在现代资讯发达的社会中，一位知识广博、经验丰富的朋友，犹如你的人生教练，他的学识、经验及交际资源会为你提供走向成功的给养。

人生在世，如果想要做成一件事，必须得到别人的支持和指点，那样才能少走弯路，尽早走向成功。物以类聚，人以群分，一个成功者的身边，必定有益友一路相伴。

失去的未必最好，幸福总在下一站

人有一个最大的毛病，常常会觉得得不到的是最好的，失去的是最珍贵的。这个思想让很多人吃了亏，身边的幸福无法体会，眼前的美景熟视无睹。其实，过去再美好已经成为历史，哪怕你再怀念也一去不复返，为什么还要耿耿于怀呢？

每个人最容易怀念的就是过去的那个人。曾经相爱的恋人，虽然已经分手，但还在想着时光倒转，重新再爱一次。回忆中的那个他，所有的缺点都被你淡化，久而久之，你记忆中的他已经被你美化成为一个神，谁也比不上，这样便会使你对过去过分依恋，而无法面对现实。与其困苦于失去的过去，不如以欣赏的眼光审视一下眼前的人，那个失去的不一定是最好的。

张晓珊已经50多岁了，她依然还在深深后悔20年前的"放手"。

20世纪80年代，28岁的张晓珊是一名大学教师，因为择偶要求高，一直找不到合适的人。后来，通过相亲和一名30岁的小伙子于大志相恋。于大志在一家事业单位工作，张晓珊觉得于大志的条件跟自己很相符，两年之后，两人就打算结婚了。

但由于工作原因，于大志被调到另一个城市工作了，可能得两年后才能回来。张晓珊想也没想，就决定跟于大志分手。当时家里人都劝她，说她已经快过30岁的人了，等两年又何妨，而且和于大志已经有了两年的感情基础。可张晓珊觉得已经说出了分手，那就算了吧。

不久，张晓珊就后悔了，她反复自责自己当初的冲动。有人给她介绍男朋友，她都会拿来跟于大志比，结果谁也比不上于大志。就这样，一晃两年过去了，张晓珊还是没有找到中意的对象。

张晓珊发现，时间越久，自己对大志的感情越难以忘怀。"他条件不错，人也很好，对人真诚，说话也很坦诚。"张晓珊无数次在心中对自己说，她决定主动联系于大志了。

两年后，于大志被调了回来。张晓珊给于大志的单位打电话，却得来一个让她备受打击的消息：于大志已经结婚，就在他们分手不久后。

回到家，张晓珊深吸一口气："我为什么要跟他分手呀？为什么又对他那么难以释怀呢？"

原本美好的一段感情，张晓珊匆匆地结束了，可当结束之后又深深后悔，这又是何苦呢？感情需要慎重，如果觉得那个人很好，就不要"想也没想"就结束；既然已经结束，就要认真面对自己的下一段感情，老纠结于失去，不是很傻吗？

根据统计，失恋的人需要六个月的自我恢复期，所以你可以给自己伤心、痛苦的时间。有段时间你可能会觉得失去的那个人很好，但是过去了就是过去了，一定要从过去中走出来，忘掉失恋的痛苦，告诉自己人生属于自己，身边还有很多人关心着自己，前方道路还需要一步步地走下去。

放弃是一种痛，但这种痛是完善自我的必经道路，让痛的时间更短一点，你的人生也便会变长。

江小惠是一个清纯可爱的女孩子，从小喜欢画画，特别是在国画艺术上小有成就。但是，无论她画得多么好，人们总感觉少了点什么。毕业后，她考上了美术学院的研究生。但是，她突然发现，向来依恋的男朋友为了前程背弃了她，她苦苦哀求他回到她身边，遭来的只是冷冰冰的拒绝。

小惠整天在宿舍中伤感，课也不上，画也不画，觉睡不好，饭也吃不下。同宿舍的人给小惠的男友打电话，让他过来安慰一下，但得到的只是拒绝。

一日，江小惠在回宿舍的路上，听到一对情侣在议论。女孩子对男朋友说："江小惠现在得了相思病啦，整天病怏怏的，为了那么一个男的，值得吗？"男朋友笑笑说："那是痴情，可反过来说，江小惠一个人痴情有什么用？她就一农村丫头，虽然考上研究生，长得漂亮点，可这有什么用。你看，现在人家那小子交往的女朋友，要钱有钱，要地位有地位，这得省多少年的奋斗呀！"

江小惠突然发现，原来她一直迷恋的人竟是一个这样薄情的人。于是，她骑着自行车，把之前他们恋爱时去过的地儿走了一遍，然后给自己买了件漂亮的衣服。她不能再这样沉溺下去了，要开始新的生活。

于是，江小惠再次拿起心爱的画笔，描绘着自己过去的伤心和对未来的希望。不久，一幅工笔画《花好月圆》便完成了。同学们看后大为感叹，老师也惊喜地把它推荐到美术大赛中，理由是："这是一幅饱含着泪水、希望的画，作者的情与画融为了一体。"

比赛结束后，江小惠拿着第一名的奖杯，泪水模糊。她已经找到了画作中缺少的东西，那便是——经历。

江小惠失恋后痛苦无比，对男朋友的苦苦恳求并不能留下那份已经结束的爱。当听到别人议论时，她才发现，原来自己一直迷恋的人竟然没有自己想象得那么完美。于是，她决定忘掉过去，把重心转到学业上，一切都变得生机勃勃起来。画画帮她走出了失恋之痛，也让她获得了成功。

最容易让人丢失自我的一种交往便是恋爱。人在对待朋友的问题上可能会快刀斩乱麻，但是在对待恋人时就会变得优柔寡断，明明已经知道对方不是自己的终生伴侣，却还舍不得放弃。其实，恋爱是一种感觉，没有人能够保证自己那份轰轰烈烈的爱能保鲜多久，一旦感觉没了，那些海誓山盟、你侬我侬都会化为浮云，消失得无影无踪，那单方面的坚持还有什么用呢？

爱情如此，人生何尝不是呢？如果一个人一味地贪恋未曾得到的东西，就会被那种占有欲弄得闷闷不乐。未曾拥有的东西终究是虚无缥缈的，没有它一样可以安安心心地生活下去，甚至还会变得更加美好。其实，人生的每一份收获都是眼前的最重要，那些逝去的就让它随着时间消失在历史中吧！即使再美好，也只能代表过去。

你交往的人，决定了你的格调

俗话说："钱财如粪土，情义值千金。""朋友"这个词语自古以来就被很多人赋予了不同的诠释。莫逆之交、患难之交、肺腑之交、膝漆之交，从感情角度说明朋友间的关系；布衣之交、贫贱之交、忘年之交、君子之交，以人的身份形容真诚的友谊；那些平平淡淡的泛泛之交、一般交往的一面之交，则恰到好处地诠释了人与人的见面之缘……可见，交一位知心的朋友，已成为一个人立足于社会的基础，一位好朋友是千金都难换的。

人的一生不会总是顺水顺风，有些朋友在你陷入危难时挺身而出，在你遇到困境时雪中送炭，在你失意时不离不弃……他们是你生活的一部分，不会因为你的地位、金钱而改变。这样的人便是你身边价值千金的好朋友，也就是人们常常说的贵人。

魏然是一个非常聪明的女孩子，工作业绩也很突出，可是她的男朋友盛铭却总是停步不前，不仅工作没什么起色，生活也是平平淡淡的。魏然有时与盛铭谈起这些，盛铭也很虚心地听着，但就是怎么也找不出其中的缘由。

在一次盛铭同学的婚礼中，魏然认识了他的很多同学，也终于了解到盛铭为何总不见起色的原因。在魏然与盛铭那些朋友的聊天过程中，她发现他们大多是一些极其满足生活现状的人，整天乐得自在，没啥进取心，遇到问题后也是能躲就躲，在单位也都是一些小职工。

回到家后，魏然告诉了盛铭自己的发现，她说："我找到你停步不前的原因了，我觉得你不能再与你那些没有任何理想和目标的朋友交往下去，你们就像一群退了休的老人一样，不去奋斗，不去拼搏，年轻人应该充满力量才行。所以，从现在开始，你必须改变你的社交圈，去结识那些比你优秀的人。"

盛铭觉得魏然说得很有道理，其实他很早也感觉到了这一点，因为跟朋友在一起时他会变得很懒，对什么事都是得过且过，没有任何压力。原本他觉得这是件好事，现在经女朋友这么一说，他感到自己的交往圈真的有问题。

接受了魏然的建议后，盛铭开始刻意结识一些比自己优秀的人。他发现，与这些人在一起时，他会变得很紧张，整天充满压力，仿佛一有松懈自己便会掉队一样。久而久之，盛铭适应了这些人的生活，体会到了成功的快乐，品尝到了突破瓶颈时内心的愉悦，整个人也都充满斗志。

半年过去了，盛铭升了职，而且得到了全部门最高的奖金。盛铭每天十分注意自己的仪表，一改之前休闲的打扮，穿着有品位的正装进进出出。他告诉魏然："我觉得我会更好的，你放心，我一定会给你一个美好的未来。"

魏然点点头，幸福地笑了。

看来，每个人都喜欢结交一些与自己类似的朋友，即使开始有区别，随着时间的流逝，朋友之间也会彼此相似。所以，一个没有梦想的人，如果与一位成功之士在一起，他也会慢慢拥有梦想，走向成功，这便是朋友的伟大力量。

身边的朋友对我们的影响是不可估量的，所以我们在选择友谊、结交朋友时，必须慎之又慎，因为他可能会对我们的工作、生活甚至人生轨迹造成巨大的影响。回忆一下学校生活，每个宿舍都有着不同的个性，而每个宿舍中的成员长久地在一起会互相影响。因此，到了毕业时大家会发现，有的宿舍成员拿到一堆证书，带着学识毕业；有的宿舍成员各自拥有了一份爱情，带着甜蜜毕业；而有的宿舍成员却一事无成，带着满身疮痍回家。这是因为，年轻人的价值观和世界观并没有完全成熟，见到同宿舍的朋友考证书，自己也受影响而努力学习；见朋友谈恋爱了，自己也会开始寻找自己的爱情；见朋友整天昏昏度日，当然这种舒服的日子自己也便很快适应，而且一发不可收拾。

所以，一位好朋友，是自己人生的导师，与他们在一起时，会感受到压力。这种压力正是你改变自身不足、迈向成功大门的动力。

价值千金的友谊就是这种看似远离却始终在身边关注着你的人。美国作家汤姆·拉思则认为，人生需要这样几种朋友，他们是你生命旅途中的最好伴侣，珠玉不换。

1. 成就你的朋友。他们像你的人生导师，有着丰富的社会经验、工作经验或者生活经验，无论从哪一方面，都会为你提供很多建议，不断激励你，帮你寻找自身的优点。一旦有了机会，他们甚至甘当你人生的垫脚石，成就你。

2. 支持你的朋友。他们像你人生的拉拉队，一直维护着你，称赞着你，给你努力奋斗下去的勇气。这种友谊是相互的，两个人一同奋斗，一同顶住挫折，一同享受成功。信任的力量让你们的友谊坚不可摧，是你前进的"强心针"。

3. 志同道合的朋友。他们像你人生的镜子。你们有着共同的理想、共同的性格与抱负，在一起时，就像扎成捆的筷子，为着共同目标而一起抵御人生路上的风风雨雨，彼此承受困难的痛苦，享受成功的幸福。有了这种朋友的加入，你的人生便不会孤单。

4. 牵线搭桥的朋友。他们像你人生的信使，会很快帮你找到志同道合的朋友，也会帮你找到各种类型的朋友，帮你寻找无数机会。每个机遇来临时，有了他们在左右的守护，你会勇往直前，信心倍增。

5. 开阔眼界的朋友。他们像一本"百科全书"，无论你遇到怎样的疑惑，出现什么问题，他们都会第一个赶到，帮助你答疑解惑。这种朋友一般有着广博的知识，宽阔的视野，众多的人脉，让你接触到更多的观点，创造更多的机会，站得更高，看得更远。

6. 陪伴你的朋友。他们像你的影子，无论你的心情怎样，境遇怎样，他们都会一直陪伴在你的左右，听你倾诉，陪你哭，陪你笑。在他那里，你能从纷杂的社会中解脱出来，找到一片心灵净土，舒缓各种压力。

冰心说："友谊是宁神的药物，是兴奋剂；友谊是大海中的灯塔，沙漠里的绿洲。"得到一份友谊，获得一个朋友并不容易，但如果你很幸运身边拥有这种朋友，一定要学会珍惜。他们千金难换，友情是相互的，你也要成为他们人生中价值千金的人。

近朱者赤，提升自己的人脉质量

人际交往中，大家都喜欢和有共同语言的人交朋友，这种做法无可厚非。古话说"道不同不相为谋""燕雀安知鸿鹄之志"，这都是指意见、理想或志趣不同的人很难共事，不能勉强。但请注意，这样的做法如果做不到理智的话，反倒很容易导致你的自身发展受到限制。

俗话说"人脉就是钱脉"，这话一点儿都不假。这个社会上，一个人想要有一番作为，拼劳力肯定是不行的，必须得拼头脑、拼信息、拼朋友。谁掌握无限的信息，就意味着掌握了无限的财富。而信息则主要来源于人脉网络，换言之，你的人脉有多广，你能抓住的发展良机也就有多广。

大学毕业后，王倩顺利进入一家国际大牌化妆品公司工作。由于王倩为人聪明，敢想敢拼，很快就得到部门经理陆海清的提拔，做了她的私人助理。虽然陆海清提拔了王倩，但从个人角度上说，王倩总觉得陆海清没有什么才华，为人也没什么魄力，处事更是不够雷厉风行。虽然公司里上上下下的人都和陆海清关系很好，也都很尊重她，但王倩心里依然对她嗤之以鼻。

有一次，公司把一个宣传活动的策划全权交给了王倩负责。王倩知道公司近来打算开一条化妆品副线，这次让她来做这个活动，就是为了考察她的能力。如果这次活动能漂漂亮亮地完成，让公司满意，她就很有机会成为那条副线的负责人。

为了办好活动，王倩做了很多准备工作。临在活动举办前夕，王倩收到消息，说国内一个非常知名的男明星正巧在活动举办的那天会下榻活动举办宴会厅所在的酒店。王倩顿时灵光一闪，如果能请这个男明星到宴会厅露个脸，即便什么都不用做，必然将壮大这场活动的宣传声势。有了这个想法之后，王倩就赶紧行动起来，托人查到那个男明星经纪人的航班号。虽然王倩顺利"堵"到了男明星的经纪人，但对方却说什么也不愿意安排这件事，强硬而果断地拒绝了她。

无奈之下，王倩刚准备放弃，这时却看到上司陆海清出现在机场。原来陆海清和这个男明星的经纪人是老朋友了，特意来接机的。得知王倩的想法后，陆海清就和男明星提了一下，没想到这位男明星想也没想就答应了下来。王倩怎么也没有想到，自己苦口婆心地说了一大通，都恨不得要跪下磕头了，也比不上陆海清轻描淡写的一句话，就顺利地帮她请到了这个男明星。

很多时候，哪怕你舌灿莲花，雄辩滔滔，也未必能成功促成一次商谈。可这个时候，如果能有一位关键人物出来帮你，哪怕就开句"金口"，这事十有八九也就成了。这就是人脉的力量。所以，我们经常看到他人费了九牛二虎之力都无法解决的问题，那些人脉丰富的人，轻轻松松就能搞定。

有些人觉得人脉好像意味着"走后门"，这种想法其实是错误的。你想想，假如你面临很多选择，这些选择能让你得到的好处都差不多，开出的条件也差不多，你无论选择谁其实都是可以的。那么，这个时候，其中有个人和你是有交情的，或者那个人与你有着某些复杂的关系，可能存在一些附加价值，你会怎么选择？毫无疑问，肯定选择有交情、有附加价值的那个！既然选哪个都一样，为什么不卖个人情、讨个好呢？

所以，人脉的积累不是为了"开后门"，而是为了让你的资本更加雄厚，进一步增强你的"战斗力"。这个社会是由人构成的，人与人之所以能最终构成一个完整的社会，就是因为各种各样的联系和牵绊。这些联系和牵绊把人和人紧密地"捆绑"在了一起，而人脉就是要加强的这些联系和牵绊，拉近你与更多人的距离，让自己的"阵营"更强大，从而攫取到更多的资源和财富。

是的，每一个伟大的成功者背后都有其他成功者的支持。没有人是自己一个人达到事业顶峰的。假如一个人决心要成为出类拔萃的人，就千万不能忽视人脉。在我们身边，不少聪明的人就是依靠有意识地与所有人交流，自己的人脉圈不断扩大，从而才会有一次次的机会降临，使自己走向成功。

阿兰曾在美国留学五年，工作三年，回国后放弃了50万的年薪，成立了一家国际教育咨询公司，并将事业经营得红红火火。别人向阿兰请教成功秘诀时，她总是感慨地说道："你是谁不重要，重要的是，你和谁在一起。我的事业之所以如此顺利，那是因为我认识很多各种各样的朋友。开公司、介绍推荐客户和业务等，各种朋友都会照顾我、帮助我，有什么生意都会马上想到我。"

最初到美国留学时，阿兰不喜欢美国学生的疯狂和自我，很少跟自己身边的美国同学交往。她的生活范围大多在唐人街，交际圈子也几乎在华人圈。这样的生活过了有一年左右，阿兰发现自己很孤单，在朋友中不受欢迎，甚至连英文都说不好。这样的留学，有什么意义呢？

认真思索一番后，阿兰决定积极融入美国社会，开始有意识地接近她的美国同学，尽量让自己习惯他们的生活方式，寻找机会参加他们的聚会。阿兰还经常在自己租的房子中举办聚会、狂欢派对。在聚会中，她和同学们畅所欲言，激烈争论，更多地了解中西文化的差异。

经过阿兰的不断努力，她的美国同学从排斥她到慢慢地接收她，到最后非常喜欢她，她的英文水平得到快速提高。而且，毕业时，她在一位美国朋友的介绍下，进入美国一家著名的公司实习。凭借自身的努力和良好的人脉，阿兰很快就跻身于美国的主流阶层，过上了富足的生活。

在美国的时候，阿兰经常问候家乡的同学、朋友，保持联系。后来，听一位大学朋友说，母校准备举办百年校庆，于是阿兰请了假，回国参加了这次活动。在那次活动上，母校中的佼佼者几乎全都参加了。阿兰认识了给予自己职业生涯巨大帮助的几个朋友，虽然刚开始只不过是聊聊天而已，后来日渐熟悉成为好友。

通过与这些朋友的沟通和交流，阿兰了解到随着人们的日渐富裕，父母对儿女的期待更高，出国留学已经成为一种趋势。于是，她火速回到家乡，开始着手成立这家国际教育咨询公司。这期间，由于积累了广泛的人脉，阿兰得到许多朋友的帮助，有人帮她做广告宣传，有人帮她介绍生意，还有一位朋友曾在一家留学中介公司任主管，提供了大量宝贵的经验。这使得阿兰少走了不少弯路，很快就在这个行业干得得心应手。

一个人要是想让自己强大起来，有两个办法，要么是努力提升自己，让自己不断成长，能力越来越强；要么是拥有许多朋友，广泛的人脉，这一样强大。认识一个人，打开一扇门。一个人的人缘越好，人际关系越和谐，获得发展的机遇就越多，这就是人脉的魅力。

有意识地经营你的人脉吧！总有一天，你会发现，它带给你的远远比你付出的更多。

Chapter 16 / 放下执念，做"真实的你"，而非"理想的你"

执念是什么？是渐入死亡的深渊，是无功而返的徒劳。如果我们执意要成为理想的自己，那便是起了完美主义的执念，必将为之劳心劳力，备受煎熬。很多时候，要学会接受不完美的自己，试着与不完美的自己和解，你才能拥有更加真实的人生。

你最该崇拜的，是你自己

现代社会工作压力越来越大，人们每天都把自己累到无力，随着时间匆匆流逝，留下的除了疲惫，什么都没有。其实，人的一生很短暂，生活给了我们很多磨难，而我们在一次次战胜磨难中体现出了真正的人生价值。不过，现在很多人在竞争、升职、买房等压力中丢失了自己，他们常常会因为一次次的挫败而把自己的缺点放大，这是大可不必的。

每个人都有自己的优缺点，做事情都会有成功和失败，千万不要因为一味地追求成功而为难自己，把自己变成另外一个人。在一切还来得及的时候，张扬个性，丢掉压力，甩掉负担，活出那个真正的自己，才是重要的。

其实，世界上每个人都是独一无二的，都有自己独特的性格，不要纠结于你的不同，也许你的不同正是你最大的特色。保持自我，敢于展示自我，这样你才能活得更精彩。如果你还年轻，那么还来得及，让本色的自己绽放绚丽的烟花；如果你的青春已经逝去，那也来得及，让本色的自己拥有陈酿的芬芳。

生活在这个世界上已经很不容易，又何必纠缠于那些原来不重要的东西呢？放松自己，才能恢复本色，俗话说："人不是因为美丽而可爱，而是因为可爱而美丽。"如果你一味地缩手缩脚，过分自闭，虽然掩盖了自己，保存了所谓的完美，但同时也丢失了自己那种原本的纯真。

赵一晴很小的时候就跟着父母移民到美国，她不是那种有钱有势人家的小孩子，父母移民是为了生计，因此她家的境况并不是太好。

她的童年是在阴暗潮湿的地下室中度过的。童年的记忆只有每天盼着爸爸妈妈早点回家，给自己带回热馒头。她有时蹲在楼门口，看着那些快乐玩耍的美国孩子，心里充满痛苦和自卑。

到了上学的年龄，赵一晴进了附近一家幼儿园。她在那里从来没有勇气举手回答老师的提问，同学们做游戏时也不会叫上她，甚至连老师都记不住她的名字。

这种情况一直延续到中学都没有改变，就像爸爸的生意一样，这么多年只是勉强够糊口，没有什么进展。爸爸整天唉声叹气地对她说："你就认命吧！我们就是这样的，你也不会有什么作为！"这让赵一晴更加沮丧。

"难道我将来要一直住在这个地下室吗？难道我的一生也要在贫困、烦恼中度过吗？"上了中学后的她，开始为自己的未来担心不已。

一天，妈妈见她又在桌子前发呆便问道："孩子，不要在意你爸爸的话，你要记住，你不会和别人一样生活，别人也不会像你一样，因为你是世界上独一无二的！"

这句话让她的心里重新燃起希望之火，她暗暗地告诉自己：我是最好的，没有人能比得上！她把这句话贴在桌子上，每天睡前都要对自己说："我是最好的"，然后再入睡。

这句话变成一股力量，赵一晴的学习和生活从此有了很大改变。学校里的老师和同学忽然发现赵一晴和以前不一样了，她现在总是昂着头，带着微笑来到学校；遇到不懂的问题，她会大胆地举手提问；碰到出现争议的事情，她也会勇敢地说出自己的观点……

老师喜欢上了这个阳光的学生，同学们也整天围着赵一晴问："你还是以前的赵一晴吗？你得了什么法宝吗？是什么让你变得这么快乐呢？"赵一晴笑而不答，但心中的信心像一把熊熊的火，烧得更旺了！

高中毕业后，她准备找一份工作，要凭自己的力量改善家里的现状。

赵一晴第一次去应聘的公司是一个跨国公司，那家公司的秘书向她索要名片，她笑着递上一张黑桃A，秘书一愣，但没有问什么，直接把"名片"给了经理。

经理看着这张黑桃A，眼里充满疑惑，立刻给了赵一晴一个面试机会。他不知道面前这个面带微笑的女孩到底是什么用意，用黑桃A做名片，这可是他以前从未见到过的情况。

"你是黑桃A？"经理盯着赵一晴问。

"是的。"赵一晴说，脸上带着自信的微笑。

"为什么？"经理疑惑地问。

"因为黑色代表力量，A代表第一，我刚好就是一个充满能力的第一。"

经理一下子睁大眼睛，眼前这个女孩自信的笑容感染了他，他没有想到一个小小的女孩会有如此强大的内心！他立即决定，给这个自信的女孩子一个机会。

之后，赵一晴以自己过人的能力，带着自信的笑容走入世界第一的行列，创造了一年推销出1 425辆车的吉尼斯世界纪录！

人生舞台上，我们可能会扮演不同的角色。工作中，我们热衷于演戏；生活中，我们也戴上面具去迎来送往。这可能会助我们事业成功，但你是否得到了真正的轻松呢？给自己的生活留点空间，放松心情，摘下面具，还于本色，活出一个独特的、真实的自我，你才会活得更加愉快、更加精彩。

"邯郸学步"，最终连自己的走路方式也了；"东施效颦"，只能丢尽面子。一个人丢失了自己，注定跑在别人后面，仿佛自己追求到了，但实际上都是别人留下的脚印。无论你有多少优点，无论你现在有着什么样的地位，无论你多少有钱，都应该找回最初的自己，只有那个独一无二的自己，才是最精彩的。

趁着我们还没有完全迷失，还能回归本色，趁着一切还来得及的时候，活出最精彩的自己吧！

若你都不接纳自己，别人又如何接纳你

有一天，小企鹅照镜子，他突然发现自己竟然没有长胳膊，觉得自己很丢人，因此每次走路时总是打开双翅，一摇一摆地走路，这样远远看去，就像长了胳膊一样。虽然有了胳膊，但从此以后，所有小动物都嘲笑小企鹅走路的样子笨笨的。

小企鹅为了掩饰本不是缺点的问题，却给自己制造了另一个令人嘲笑的缺点，岂不是弄巧成拙了吗？其实，现在社会上很多人就像小企鹅一样，本来知道自己的缺点，却从不正视，最终因为缺点而吃亏。因此，正确认识自己，才能给自己一个美好的未来。

"正视自己"说起来简单，但做起来却很难。工作生活中，很多人做不到正视自己，特别是对于自己的缺点更是避之又避。就像我们身上有个难看的伤疤，医生说必须暴露在空气中让它结痂才会好，可是有些人觉得太难看，便想办法遮了又遮，最后使伤疤一次次感染，伤口变得越来越大。

其实，人是活给自己看的，没有那么多的聚光灯天天围绕着你。即使你是焦点人物，也不应该为了别人的眼光而生活。因此，对于某些像伤疤一样的缺点，就要选择最好的办法让它痊愈，而不是遮掩，自以为欺骗了别人，实际上真正受骗的人是你自己。

兵家用兵时有一条原则："知己知彼，百战不殆。"可见，如果要打赢一场战争，仅仅了解别人是不够的，首先应该了解的是自己。不能过分地高估自己的实力，也不能畏首畏尾地贬低自己。正视自己的优缺点，清醒地认识自己的身份、地位，弄清哪些事情是自己该做

的，哪些是自己必须避免的，最重要的是真实地了解和确切地把握自己的角色与能力，扬长避短，这样才能真正一步步地自我完善。

朱铮本是一家小公司的业务员，为了得到更好的发展空间，他选择了辞职，到一家待遇较高、发展空间较大的公司去应聘。

这家公司十分吃香，应聘者众多，不仅有刚毕业的高材生，更有经验丰富的销售精英。面对这种竞争，朱铮有些迟疑，他一定要想办法脱颖而出，可是什么办法能让他出众呢？思前想后的朱铮，决定在简历上下点功夫，以此来抓住面试官的眼球。

当天，人山人海，公司的等待大厅中坐满了人，朱铮被点到名字后深呼一口气，迈着坚定的步伐走进招聘室。面对严肃的面试官，朱铮递出自己的简历。面试官们上下打量了一下朱铮，打开简历，突然愣住了：朱铮的简历上不但与其他简历一样详细介绍了自己的工作经历和业绩，竟然还个一条缺点栏，空格中清楚地填着做事固执、脾气急躁等缺点。

面试官疑惑地看了看朱铮，问："你在简历上写了缺点，知道吗？为什么要把缺点不加掩饰地写在上面？难道你不怕我们因为你的缺点而不要你吗？"

朱铮笑了笑，十分大方直爽而又真诚地回答道："世界上没有一个人是完美的，我当然也不完美，有很多缺点，只是想让我将要工作的公司更了解我的缺点，这总比只知道我好多优点要好得多。最重要的是，只有不回避自己缺点的人，才会有勇气和决心改掉这些缺点。"

听了朱铮的回答，面试官满意地点点头，拿出名片对朱铮说："我是你未来的老板，很欣赏你不回避缺点的勇气，我们公司正需要像你这样的人才，请下周一来公司报到吧，很高兴你将成为我们的一员。"

朱铮的简历让他的梦想得以实现，最重要的是能把自己的缺点暴露、直接说出来的人很少，更何况是在应聘这样的场合。但是，朱铮的这种做法正是向公司展示了他的勇气与正直，展示了他的能力。一个人连自己的缺点都敢于正视，还有什么不能做到呢？

生活就像登山一样，如果抬头看很多人会比你高，如果回头看很多人便比你低。大多数人正是想逃避那些比自己高的人的注视目光，更为了在比自己低的人面前显得更完美，而把自己的不足遮掩起来，这样你便无心专心登山，脚步也会越来越慢，落于更多人的后面。欺骗、遮掩本就是一种错误的解决问题的办法，更何况是你身上的缺点呢？

"金无足赤，人无完人。"当你从容淡定、豁达乐观地接受自己的缺点时，就已经可以堂堂正正地生活了。自信地正视自己的缺点，你才能找到克服缺点的办法，更靠近完美，拿开遮在缺点上的手，甩开双臂大踏步前行。

看清自己，别总幻想成为"理想的你"

竞争激烈的在现代社会中，医院成了某些人常来的地方。定期体检是人们必须要做的事，因为那样才能让你全面地了解自己的身体，做出调理，更好地投入到工作和生活中去。可是，对身体做"全面体检"的你，有没有对自己的内心进行过剖析呢？也就是说，你了解你自己吗？

有些人常常抱怨"人心叵测"，觉得社会很复杂，人心总是隔着肚皮，就连身边的人都很难看透。在你思考如何揣摩别人心思的时候，试问一下，你有没有看透你自己？你性格上的优势与弊端是什么？你的为人处世是不是得体？在竞争的洪流中，你要以怎样的方式工作、生活？在你苦恼无法看透别人的时候，不然先来全面分析一下自己，只有先把握住自己，你才能活得更加出色。

李德家有一对孪生儿子，这两个孩子的性格完全相反，一个过分乐观，什么事在他的眼中都成了小事；另一个则过分悲观，总是因为某些小事而痛哭流涕。于是，李德打算对这两兄弟进行一下"性格改造"。

一天，李德给悲观的孩子买了许多色泽鲜艳的新玩具。正当乐观的孩子笑嘻嘻地打算跑过来玩兄弟的新玩具时，李德把他抱起来关进放杂物的房间中。

过了几个小时，李德突然听到一阵哭声，原来悲观的孩子又哭了。李德忙问："这里有这么多的新玩具，你怎么不玩呀？"

"玩了就坏了。"悲观的孩子抽泣着回答。

李德听到这样的回答哑口无言，这时他想，守着新玩具的悲观孩子都哭了，另一调皮的小家伙又在干什么呢？于是，他快步打开了杂物间的门，只见那个乐观的孩子正在一堆旧衣服中翻找着什么。

"你在找什么呢？"李德问。

"哦！"乐观的孩子一见爸爸来了很高兴，得意地说："爸爸，你看，我在衣服中找到一个小衣服，是不是我小时候穿的呢？"

李德看到乐观的孩子手上的小围嘴无言了，他不得不宣告，他的"性格改造"失败了。

李德以为给悲观的孩子找高兴的理由，给乐观的孩子找悲伤的理由，孩子的性格就会改变。可是，他没有考虑到孩子为什么会悲观、乐观，在没有对他们的性格进行全面了解的基础上强行改造性格是行不通的。同理，如果要想改造自己，必须先得认清自己。

每个人都很难认识到真正的自己。比如，我们常常会在一些陌生或者公众场合莫名地紧张起来；做事之前，告诫过自己很多次不要紧张，可是越告诫便会越紧张；明明准备得已经很充分了，可是面对众人的时候，手还是会出冷汗；面对很多机会的时候，往往不知道如何选择，前思后想做出的决定，进行时却成了"最坏的选择"……

这些事情在每个人的工作生活中都可能出现，怎样才能避免呢？其实，答案很简单，那就是认识到真正的自己，对自己了解得越深刻，走的每一步路便会越坚实。谁都不喜欢戴着面具生活，也不会喜欢看到一张张戴着面具的脸。因此，你必须学会看透，了解真正的自己，这样不仅可以为了解别人奠定基础，更重要的是真实的自我能让你的工作生活更轻松。

孔雀是公认的"森林大美人"，一身五彩斑斓的羽毛，十分娇艳，又高雅动人。它骄傲又自满，认为自己是天底下最美丽的鸟儿，不愿意听到有人夸其他的鸟儿漂亮。

一天傍晚，孔雀在散步的时候与丹顶鹤不期而遇了。孔雀把头抬得高高地说："我呀，是世界上最美丽的鸟儿，谁也比不上我！"

丹顶鹤也不甘示弱，大声地嚷道："哼！我的腿又细又长，我的羽毛又白又亮，我才是世界上最美丽高雅的鸟儿呢！看你一身花花绿绿的，真是俗气死了……"

就这样，孔雀与丹顶鹤吵了起来。它们谁都吵不过对方，竟然大打出手，你啄我，我咬你。结果，两人身上漂亮的羽毛都被损坏了，只好慌里慌张地跑回了家。

一段时间后，孔雀漂亮的羽毛修复好了，它散步到一条清澈的小河边，伸伸脖子正想洗洗脸，忽然发现水里有一只和它长得一样漂亮的鸟儿。

孔雀非常生气，心想："森林里怎么会有和我一样漂亮的鸟儿呢？这是怎么回事？哼！不管怎样，要决定跟它比一比谁更美。"

孔雀展开自己五彩的羽毛，对水里的鸟儿说："我的羽毛漂亮吧！"但是孔雀看到，水里的鸟儿也展开了一身五彩的羽毛。

"它怎么也有一身跟我长得一样的羽毛呢？"孔雀感到很奇怪，使劲地跳了几下，水中的鸟儿也跳了几下。

这下孔雀可火了，它大声地嚷道："我才是森林里的美人，是最漂亮的鸟儿，你居然想跟我比，想超过我，真是不知好歹，我要狠狠地教训你。"

说完，孔雀便朝水里的鸟儿扑去。然而，等它跳入水中时，那只鸟儿怎么也找不到了。孔雀以为那只鸟儿躲了起来，就钻进水中找，结果什么也没有找到，却把自己淹死了。

孔雀以为自己是世界上最了不起的，过分自恋把身边所有的小动物都得罪了，结果自不量力地跳入水中，把自己给淹死了。可见，一个人能够认清自己是多么重要的事。别人不是我，我也不是任何人，直面缺点，这才是真正的智者，否则只能愚蠢地在别人的影响下生活，甚至付出惨痛的代价。

那么，我们怎样才能正确认识自己呢？

第一，了解周围的环境。每个人都生活在不同的环境中，如果想要认清自己，就必须先了解周围的环境。特别是要认识并解决有可能令你不知所措的矛盾点。比如，工作环境、家庭环境与社会环境之间的矛盾，我们不能把工作带进生活中，更不能以在社会的处事态度经营生活。因此，一定要学会在不同的环境中寻找自己的定位，这样才能在面对不同的环境时应对自如。正确认识自己，是立于世间的根本。

第二，修炼文化底蕴。每个人在不同的文化背景下成长，一定会形成不同的人生观、价值观，对待事情也会有不同的态度。只有了解自己的文化底蕴，并通过学习明白事物的发展规律和因果关系，才能用符合自然规律的方法解决生活中遇到的问题，在挫折面前不逃避，得意来临时也不会忘形，对自身的喜怒哀乐了如指掌，这样才会在迷失时不断找回自我，不会使自己陷入惨败的局面。

第三，学会换位思考。活出真实的自己，就是要活得睿智，活得精彩，而不是一意孤行、肆无忌惮。所以，为人处世要少些抱怨多些理解，如果换位思考一下，你会发现眼中的人们并不是无法理解的。正确认识自己，你就会用一颗换位的心去思考，了解身边的人，不断地取人之长补己之短，而不是一味地效仿和跟从，活出一个真实且不断进步的自己。

正确认识自己是成功的基础。一个人如果能够正确认识自己，就可以不断地汲取新经验，活出真正的自我，得到他们的支持、理解与尊重。成功离那个真实的你，就会很近了。

学会"示弱"，与自己和解

在人的一生中，欢笑与泪水往往会交织在一起，平坦与坎坷会交替出现，顺意和失意也会重叠相加。面临这些人生变动，你会怎样呢？的确，人生的苦难需要坚强去克服，努力才能有所成就，但是人生本就多变，也不要过分要求自己，汗水与泪水交织的人生才多姿多彩。

流泪并不是一种懦弱，而是一种发泄，更是一种智慧。一把好的宝剑，不只需要硬度，更需要柔韧度，人也是这样，不可能天天把自己的弦绷得紧紧的，那样无疑是对自己的折磨。有时候，示弱更是一种自我坦然和面对世事的定力。适当地示弱会更好地保护自己，立于不败之地。

海滩上的蓝甲蟹分为两种：一种很凶猛，生性好斗，跟谁都敢开战；另一种则很温顺，遇上敌人便一味装死，一动不动。经过千百年的演变，强悍凶猛的蓝甲蟹在残杀中越来越少，濒临灭绝；而温顺的蓝甲蟹总是躲起来，尽量不和敌人作战，正因如此，它不但没有被残杀，反而繁衍昌盛，不断壮大。

不必假装坚强，凡事逞强好胜、毫不示弱的人往往会被撞得头破血流，卑微、弱小的生命反而能更好地保护自己，成为最大的赢家。在竞争激烈的社会中，生活不如意，工作不得志，人际关系不和谐等问题，总会出现在我们左右。如果我们总摆出一副"百毒不侵"样子，不但使自己内心受到折磨，而且也找不出解决困惑的办法。

一个婴儿往往会以大哭的形式向大人表示抗议，这时大人会想办法找出哭的原因并满足他的要求。可是，我们学会了坚强，饿了、累了、烦了……无论什么时候都不会再释放自己的情绪，这样不仅不能达到目的，反而会让自己的内心承受重大的压力。所以，人生中不仅需要坚强的努力，更要有一个合理的宣泄渠道，想哭就哭

一个小女孩的父母因车祸去世，留下她和身患重病的祖母。小女孩每天去学校读书，回家承担所有的家务，还要为祖母买药换药。她们生活贫困，女孩穿的衣服都是亲戚穿过的。为了让祖母开心，女孩总是带着笑脸，看上去无忧无虑。

有一天，学校组织春游，女孩没有钱交春游费，就请假待在家里，骗祖母说学校放假。女孩在自己的房间里看书，想的却是正在玩耍的同学们，想着想着，她放声大哭。这时祖母走了进来，对她说："你不过是个小孩子，心里难过的话不要忍着，如果不愿意跟我说，可以去附近那个花园，对花园里的树木说。"

之后，小女孩有了伤心的事，就到公园里对树木倾诉。因为及时发泄了情绪，小女孩越来越开朗，笑容越来越灿烂。

小女孩为了使祖母高兴，除了承担生活的压力之外，还承受了学习的压力，因长期抑郁，就自己一个人待在房间中大哭起来。祖母的一句"你只不过是个孩子"，彻底解放了小女孩的压力，当内心得到解放之后，笑容自然会更加灿烂。人的心理承受能力是有限的，一旦超过界限，焦急、失望、怨恨等负面情绪就会像河水决堤一样淹没心灵。

人不是钢铁打造的，有悲有喜，有苦有甜，这才是真正的人生。假装坚强只能使自己承受更大的压力，汗水的确可以换来成功，但泪水是走向成功的最好润滑剂。生活本就是一个流动的过程，人们需要坚强地面对风雪，也需要停下脚步抖掉落到身上的雪花。

Chapter 17 / 人生需要攻略，方向决定命运，选择主导人生

小草选择了辽阔的大地，成就其四季的葱茏；树苗选择了高远的蓝天，成就其参天的辉煌。我们的人生，同样是由无数个选择组成的。如何在关键时刻做出正确的选择，关系到我们的命运走向，是每个人都要思考的问题。

游鱼再向往天空，也长不出飞翔的翅膀

我们一直在鼓励人要勇敢、坚强，虽然勇往直前的精神固然重要，但是任何事都要量力而行。即使再成功，我们也是一个普通人，有梦想当然会走向成功。可如果把自己的梦想放得太远，只能浪费自己的精力，即使再努力也会离它很远。因此，一个有梦想的人一定要注意，千万不要掉进好高骛远的泥潭，不但梦想难以实现，而且会让自己也疲惫不堪。

水从高原流下，由西向东。渤海口的一条鱼逆流而上，游技很是精湛，游得也很精彩，一会儿冲过浅滩，一会儿划过激流。它穿过湖泊中的层层渔网，也躲过无数水鸟的追逐。它不停地游，最后穿过山涧，挤过石隙，游上了高原。然而，它还没来得及发出一声欢呼，瞬间就被冻成冰块。

若干年后，一群登山者在高原的冰块中发现了它，这条鱼还保持着游动的姿势。

这条鱼是一条勇敢的鱼吗？回答当然是肯定的。但是，这也令它走向极端，根本没有考虑到自己的能力，便一味地向前冲，最终导致死亡。我们如果想要在天上飞，可以去坐飞机，而不能从高楼上跳下自己学飞。道理很简单，那些好高骛远的人，的确是有勇气，但他们把自己的理想设计得高不可攀，哪怕费尽所有心思，精疲力竭也够不着，因为他们根本不会把理想与自己的实际能力联系起来。

因此，在奔赴成功的艰辛路途中，我们绝不能好高骛远，而要充分了解自己，在自己的能力范围内创造奇迹。如果制定了一些不切实际的目标，只能让自己未来的路越来越坎坷，哪怕你能克服这些挫折，也永远达不到终点，因为你给自己设计的是一座"海市蜃楼"。

1984年，东京国际马拉松邀请赛中，一位名不见经传日本矮个选手——山田本一，出人意外地夺得了最后冠军。记者问他凭什么能取得如此惊人的成绩，他说了这么一句话："凭智慧战胜对手。"

当时许多人认为，这个矮个子选手只是偶然获得成功，他说的话只是在故弄玄虚。人们认为，在马拉松比赛中凭借的是体力和耐力，只要具备这些实力，就有望夺冠，而不会用到所谓的"智慧"。

两年后，意大利国际马拉松赛在意大利米兰举行，山田本一代表日本参赛。这一次，他再次获得冠军。记者又请他谈经验，山田本一不善言谈，回答仍是上次的话："凭智慧。"这回记者没再挖苦他，只是对他所说的"智慧"感到迷惑不解。

10年后，谜终于解开。山田本一在自传中这样描述：每次比赛前，他都要乘车把比赛线路仔细看一遍，并把沿途的醒目标志画下来。比如，第一个标志是银行，第二个标志是大树，第三个标志是一座房子……这样一直画到终点。比赛开始，他就按预先计划好的速度奋力地向第一个目标冲去，到达第一个目标后，再以同样的速度向第二个目标赶去。这样40多公里的赛程，就被分解成很多个小目标，从而可以轻松完成。起初他并不懂得这样的道理，只是把目标定在40多公里外的终点线上，结果跑到十几公里时就疲惫不堪，被前面遥远的路途吓倒了。

人生之路，总要脚踏实地地行走，生活需要一步一个脚印才真实，好高骛远只能让自己更辛苦，不但不会跨进成功的大门，反而会摔无数个跟头。人生也是一场马拉松，如果始终盯着最终目标，用不了多久，就会"跑"得疲惫不堪。再加上过程中的各种挫折，任凭你有多大的心理承受能力，最终都难免对内心的信念产生动摇。这样，随着信心一点点地失去，我们最终可能会放弃自己的坚持。

面对未来，我们的内心装满愿望：升职、有房、有车。对于年轻的我们，这些可能太过遥远，甚至不太现实。但如果把这些目标分解、细化，使之变成一个个有诱惑力、容易通过努力实现的具体目标，追求的过程便会轻松许多，最终梦想也就更容易实现。

因此，我们要想走出不同凡响的生存之路，好高骛远是行不通的。只有踏踏实实地做好该做的工作，学会该学会的知识，才是人生的首要选择。生活中的你，如果也遇到了同样的情形，就要时常反思一下自己的目标。如果超出自己的承受能力，那就适当放弃一些，这样才能使生活过得更舒适一些。舍弃掉不切实际的目标，人生才可能有更多的收获。

专注是人生最好的攻略

自然界中，食肉动物在捕猎的时候，一旦选定目标，就不会轻易放弃，直到抓住猎物为止。因为在这个过程中，只要转向其他目标或是贪心贪多，看见什么就追击什么，必定一无所获，两手空空。

游牧民族的孩子从小就要学习牧羊和打猎，看到丰茂的森林草地，全族的青壮年男子就要冲进去寻找猎物。一个孩子刚刚学会骑马，在叔叔的带领下学习打猎，想要一展身手。

小孩子爱玩，心态浮躁，看到兔子就想追兔子，旁边蹿出一只鹿，又想追那只肥大的鹿。这时一只野鸡从头上飞过去，他又想弯弓射箭打下野鸡。孩子就这样看到什么就想打下什么，打不到一个，回头想找一开始看到的那个，动物们早跑没影了。忙了一天，他却两手空空。

叔叔告诉他说："我第一次打猎时和你一样，看见什么想打什么，其实一次只能射一箭，得到一只猎物就是收获，为什么要贪心呢？只有戒掉这个毛病，你才能成为一名优秀的猎手。"

想要成为一名优秀的猎手，最重要的就是学会不贪心，一心一意地抓紧眼前的目标。故事中的孩子因为三心二意，看到什么就想打什么，结果忙了一天，什么也没有打到，白白浪费了力气。

俗话说，一个人不能同时追赶两只兔子，如果一只兔子朝东，一只兔子朝西，这个人只能停留在原地，两手空空。如果兔子再多一些，这个人恐怕连抓兔子的目标都会忘记，只顾着想究竟追哪只了。

其实，打猎如此，做任何事情都是一样。一个人的生命和精力是有限的，想要在有限的生命中完成一流的事业，就必须选择一个目标，不要让这个目标轻易地失去。如果一个人想要把所有的事情都做好，三心二意，太过贪心，他最终只会一事无成。

很多人看起来很聪明，总是想要做别人无法做成的事情。可是，他们却非常贪心，总是想要同时追到两只兔子，做什么事情都只有三天的新鲜度，看到了新目标就会立即改变计划，或是同时看中太多的目标，这样的话，连一件事情都做不好，抓不到自己的人生。这样的人不是聪明而是愚蠢，他们确定的目标很多，想要做成的事情有很多，最后却一事无成。他们的想法也太多，却不知道如何着手，以至于失去眼前的好机会。

一只狐狸住在一座大山里，经常为食物发愁。这一天，它的好运来了，山脚下的一个农民开了一个养鸡场。狐狸每天都溜下山偷偷叼走一只鸡。农民每天清点鸡的数目，发现每天都会缺一只，但狐狸跑得太快，农民没有办法。

渐渐地，狐狸觉得每天一只鸡不够吃，想要吃更多的鸡。它每天叼一只大个的鸡，还要带上一只小鸡。过了半个月，一只大鸡和一只小鸡也不能满足狐狸的胃口，它开始叼两只大鸡。可是，叼了两只大鸡后，狐狸的偷溜速度明显慢了下来，终于在一天晚上，被埋伏在鸡棚外的农夫抓个正着。直到被捆住，狐狸的嘴里还紧紧咬住一只鸡。农夫叹息说："你真的是到死都不知道悔悟！要不是你太贪心，又怎会被我抓到！"

一只快要饿死的狐狸发现一个养鸡场，从此它的胃口越来越大，这个过程形象地反映了贪心欲望的膨胀。一旦欲望超过一定限度，灾难就会降临，就像狐狸被养鸡的农夫抓住一样。更让人感叹的是，这只狐狸到死也摆脱不了自己的贪欲，被抓的时候还紧紧地咬住刚刚偷来的鸡。贪欲的毁灭力量，可见一斑。

俗话说，人心不足蛇吞象，你越是想要得到更多，就越是连一个都无法获得。我们每天都会面对很多诱惑，什么都想得到，一味地追求更多的金钱、权力，很可能让自己累倒在半路上。

人生道路上，很多时候，不只有一个选择，我们会遇到很多岔路口，每个路口都有我们需要的东西。这时候，我们必须选择一个目标，才能在最短时间到达目的地。如果你什么都想要，既想要向这边走，又不想放弃那边，最后只能留在原地，两边都落空。

一个猎人不能同时追逐两个兔子，一个人也不能同时选择两个目标，不如简单一点，放下贪心，让自己的内心平静下来。任何时候，专注一个目标的人，比三心二意的人拥有更多成功的机会。

你的态度，决定你的人生

有些同学一毕业，父母就为他找到了好工作，买了一个好地段的房子；有些同事一进公司，老板就给他加薪，看似没什么能耐却很快升了职；有些朋友一被开除，就自己办了公司，而且发展得不错……怎么别人都这么幸运，而我却这么"倒霉"呢？上天太不公平了，没有给我有钱的父母，没有给我闭月羞花的容颜，没有给我聪明无比的头脑……

好多人在埋怨上天的不公，可是眼前的一切并不是埋怨就可以解决的，再怎么捶胸顿足，也无法改变现状。开始你也许只是为了宣泄，可是这种没完没了的宣泄可能会成为一种恶习，只会让你徒生烦恼，陷入低迷的情绪。与其埋怨上天的不公，不如赶快行动起来，扭转这种不公平的现状，你的人生没有别人帮助，那就自己去开拓。

20世纪90年代，四川省很多国企工人都下了岗，李春花和她的丈夫也没能逃脱下岗的厄运，同时失业了。生活一时间陷入困境，李春花夫妇起初觉得很不公平，但是抱怨无用。于是，在低沉了一段时间之后，他们决定依靠自己闯出一片新天地。

1999年，李春花和丈夫一同来到成都，他们在机场附近租下一个小门面，卖稀饭及各种日用品。在他们先后投入1.5万元后，稀饭店总算开张了。然而，上天的"不公平"再次体现，虽然他们起早贪黑地干活，可开张仅仅三个月，就赔了3 000多元。这一次，李春花没有丝毫的抱怨，她知道如果不想办法改变现状，，就只有死路一条。可是，该如何改变呢？中国人喜欢早晨喝稀饭，如果改在中午或晚上喝稀饭可不可以呢？李春花的丈夫觉得这个想法不错，经过一番深思熟虑，他们决定将稀饭做成正餐，并推出各种营养可口的"荤稀饭"。为了打出自己的品牌，他们给稀饭店起了一个名字——李姐稀饭大王。

说干就干，第二天他们就行动了。夫妻两人配合得十分默契，丈夫负责研究稀饭的种类，李春花则研究如何经营。她在当地做了一系列小广告，提出全新的餐饮理念：把稀饭当正餐，把稀饭当营养餐。为此，很多人纷纷来店尝鲜，吃过后都非常满意。很快，小店的名声就起来了，很多人远道而来，点名要品尝那些特色稀饭。

为了迎合顾客的需要，李春花夫妇开始研究更多的稀饭种类，并请教了老中医，成功地研制出清热解毒、开胃健脾、美容养颜等有保健功能的稀饭。他们的生意越来越好。

2001年，李春花和丈夫又开了几家分店，重新注册了"李姐稀饭大王"的品牌。后来，据说在"李姐稀饭店"里，一到吃饭时间，上千的食客挤满大院，男女老少齐刷刷地喝起稀饭，场面颇为壮观。当地还流传着这样一个笑话段子：天上的飞机声，地下的稀饭声。

李春花夫妇就是这样，在困难中不抱怨、不放弃，凭着自己的努力，开创了自己的事业，取得了成功。

在工作和生活中，根本没有绝对的公平，遇到"不公"，一味埋怨，只会使情绪低落，斗志降低。如果你觉得公平了，别人也会觉得不公平，所以我们要学会接受现实，适应环境，把那些"不公平"之类的埋怨吞到肚子中，像李春花一样用双手开创新的生活。

其实，什么是公平？每个人来到这个世界上，就注定区别于其他人，家庭背景、教育程度等本就不同，怎么可能人人平等呢？因此，我们与其埋怨社会有多么不公平，不如干脆接受这种不公，就像比尔·盖茨所说的："如果觉得人生不公平，那就习惯去接受它吧"！接受这种不公平之后，你会从中看到更大的进步空间。

2004年5月，一位"半身人"用双手撑着地，一步步地走上青岛天泰体育场的主席台，台下1 2000余名听众给予了他雷鸣般的掌声。这个半身人来自澳大利亚，名叫约翰·库提斯。他生来就没有下肢，但却依靠着双掌走遍世界190多个国家和地区，被人誉为"世界上最著名的残疾人演讲大师"。另外，他也是全大洋洲残疾人网球赛冠军、游泳健将，甚至可以用两只手开车。

库提斯在台上和大家打了招呼，接着说道："从一出生，我就是个悲剧。出生时，我只有可乐罐子那么大，两腿畸形，医生断言我活不过当天。可是，我活到了现在，35岁的我依然健在，而且去了世界上的很多地方……"库提斯一口气讲了半个小时，台下的观众不停地为他鼓掌。

最后，库提斯举起手里的一件东西，说："非常感谢青岛朋友的热情款待，我住的宾馆条件很好，但是有一样东西却让我不知所措，服务生每天都会把它放在我的床头。"说完，库提斯把他手里的东西扔向听众席，原来是一双一次性拖鞋。听众席顿时一片肃静。

库提斯在台上大声地说："如果你能穿拖鞋的话，你就是幸运的！你没有资格抱怨，这个世界上不是每个人都能够穿拖鞋！"这句话说完后，听众席立即爆发出一连串的喝彩声和长久的掌声。

库提斯说："能穿拖鞋就是幸福，就没资格抱怨！"与他比较，我们的生活该是多么幸福，还有什么资格埋怨上天的不公呢？既然上天已经把库提斯的脚拿走，那么就没有必要再为此伤心叹息，抛开无谓的烦恼和杂念，才能享受生活和工作中的快乐。

有太阳就会有月亮，有冬天就会有夏天；你不可能轻易改变风的方向，但完全可以及时调整船的风帆；只要我们在人生道路上始终保持积极的态度，就会时刻让自己的生命之船充满动力。因此，别再怨天尤人地埋怨上天的不公，那是一种逃避现实的做法。你的人生由你来开拓，认清自己，勇敢面对现实，一切都会随之改变。

人生的路标，只能你自己来设

不知从什么时候，我们的生活变得沉重得让人喘不过气，从一大早睁开眼便会有一大堆的工作等着我们处理，从周一开始，日程表就被安排得满满当当的。急匆匆地赶去上班，急匆匆地赶回家做饭，一天又一天，没完没了，甚至连发呆、叹息的时间都腾不出来。为什么我们的生活会变得如此忙碌？

其实，很多外力是我们自己给自己加上的。这个时代，每个人都为追逐名利而身陷其中，在外界压力的刺激下，不得不加快脚步，总怕慢一步就被别人丢在后面。人着急赶路，只为了欣赏到最美的风景，但是匆匆而过的你并没有发现，最美的风景已经从你忙碌中一划而过。放慢脚步，你才会欣赏到一路的风景，也许这些风景之中，就有最美的一幅。

像这个时代的许多年轻人一样，刘波一直想积累自己的财富。到30岁时，刘波已挣到80万，对自己的事业和前程充满信心。

但没过多久，刘波就出现了问题：每天工作太辛苦，忽视了健康，最近常常感到胸痛；因为工作忙碌，疏远了对家庭的照顾，妻子对此总有太多抱怨。刘波的财富在不断增长，而他的健康和家庭处境却已岌岌可危。

终于，他的妻子向他提出离婚，决定离开他。听到这个消息，刘波承受不了打击，心脏病突发，倒在了办公室。

住进医院后，刘波突然意识到对财富的追求，已经让自己失去太多生活本应有的内容。他远离了家庭，也忽视了身体。最后，他打电话给妻子，要求见一面。

在医院病床前，两人见面了。看到病倒的丈夫，妻子上前把他拥抱在怀里，两人顿时热泪盈眶。原来，妻子依然爱着他，只是不能容忍被忽略的生活。

很快，刘波出院了，病情得到有效控制，再次回归正常生活。他出院后，对自己的生活做出很大调整，卖掉了公司，丢掉了烦恼，到其他公司谋取了一份轻闲的差事，用节省出的时间，陪伴自己的爱人和孩子。

现在的刘波，虽然不再为钱财而努力，却感到生活无比幸福。

刘波具有这个时代年轻人的显著特征，有着走南闯北的气魄，敢于去远方打拼一份事业。不过，这些年轻人在不断接近成功的同时，也承担了太多的压力，放弃了很多原本值得珍惜的东西，比如健康、家庭、责任、幸福。

这个社会容易让人不自觉地加快脚步追逐名利，因为地位和金钱是人幸福生活的保障。但是，如果把这些东西看得太重，过分追逐的话，只能把原本的幸福一起丧失。我们之所以加快脚步，就是为了享受生活，为了身体健康、家庭幸福，可这些不是原本就拥有吗？

生活、工作让我不堪重负，身心俱疲。一天，我在公园中遇到一位老人，他说："我告诉你一个好办法，你牵着蜗牛去散步，你的病就可以治好了。"

于是，我照做了。在途中，我尽管走得很慢，尽管蜗牛在尽力地爬，可每次总是只能挪动一点点距离。于是，我开始不停地催促它、吓唬它、责备它，蜗牛也只能用抱歉的眼光看着我，仿佛在说自己已经尽力了。我恼怒了，不停地拉它、扯它，甚至想踢它，蜗牛也只好受着伤，喘着气，卖力地往前爬。

真是太奇怪了，老人为什么要我牵一只蜗牛散步呢？于是，我开始望着天空，黎明的天空还有月亮和星星。唉，反正蜗牛也走不动了，干脆我边看星星边走吧。于是，我任由蜗牛慢慢往前爬，自己也放慢了脚步，与它一起悠然地往前走，这时候的心变得好安静……咦？忽然我闻到了花香，原来这边有个花园，感到微风吹来，原来此刻的风如此温柔……我以前怎么没有体会到呢？

我这才想起来，原来老人是叫蜗牛牵我来散步的，而这慢慢的脚步让我体会到了自己的存在……"

牵着蜗牛去散步，我们只能走得很慢，但就是在这慢慢的散步中，才能闻到花香，感受风的温柔。如果没有把脚步放慢，这些是无论如何也感觉不到的。我们的生活已经被物质、荣誉等压制住了，在不停向前时，连自己也会迷失。

不要一味地向前跑了，幸福其实就在你的身边，不要只关注手中的工作，回家多陪陪老人，那一声"孩子"会让你无比轻松；放下肩上的负累，回家陪一陪孩子，那一声"爸爸（妈妈）"会让你心灵宁静；放下满满的日程，与朋友聚聚，那一声"朋友"会让你获得新的灵感……

汪曾祺说："慢点走，欣赏你自己。"人生长路上，懂得漫步的人最懂得生活，因为他们等的不是别人，而是自己的灵魂。放慢你的脚步，你会发现原来阳光如此灿烂，生活如此美好，路边的风景是那样的美丽。

用忍耐扼住命运的喉咙

生活中的伤害总是在所难免。作为普通人，我们根本没有足够的能力避免伤害的产生。当各种各样的痛苦接踵而至的时候，人们往往会呈现出完全不同的心态，有人伤心流泪、唉声叹气，或是抱怨连连、唯唯诺诺，可有些人却可以笑着面对，坚强地承受痛苦，让内心更加坚强。

所有的坚强不是写在纸上的口号，也不是自己给自己加上的标签。真正坚强的人，从来不会标榜自己有多么坚强，而是即便流泪，也能面带微笑。没有谁天生就是坚强的人，要想让自己变得强大，就必须像剑师铸剑一样，要想锻造出一把绝世好剑，必须经历一次次淬火的锻炼。人们只有经历一次次的伤害和磨砺，忍受超常的痛苦，才能真正让内心变得强大，拥有超常的收获。

今天你吃的所有苦，都将成为明天的甜。今天你忍受的所有痛，都将成为明天的收获。我们的生活有甜也有苦，有安逸也有苦难。幸福和安逸确实可以给生活带来无限的美好，可是苦与痛却可以让我们得到更多的收获。我们为什么要追求幸福和安逸，却千方百计地逃避和惧怕苦痛呢？

英国著名史学家卡莱尔曾经遭遇了一次沉痛的打击。他呕心沥血几十年，终于完成了一部旷世大作《法国革命史》。但就在他欢欣鼓舞的时候，他的女仆却由于疏忽将手稿一举烧尽！

得知此事后，卡莱尔非常失望，几十年的心血被付之一炬，他的生命仿佛走到了尽头。然而，他并没有一蹶不振，更没有终日沉浸在慨叹、惋惜中，而是选择了坦然面对。

过了几天，卡莱尔打起精神，开始重新写作。由于有第一次写作的积累，他很快就将这部著作写完了，而且比第一次还要好。所以，我们现在读到的《法国革命史》其实是卡莱尔重写过的。

时至今日，当我们拜读他的伟大著作时，不仅会赞美他的非凡成就，还会以一种朝圣者的心情去敬畏他的胸襟、他的毅力、他的坦然。

不是每个人都有足够的能力和时间花费几十年写一本书，更不是每个人在面对自己半生的努力付之一炬时还能坦然面对、选择重新来过。卡莱尔是不幸的，女仆的一次失手造成的伤害对一个从事学术研究的人是怎样的危害，我们无法知晓，也无法体会卡莱尔当初的心情，但是可以知道的这次伤害和挫折并没有让卡莱尔倒下，反而让他的内心变得更加坚强，得到更大的收获。

人生在世，总有那么多的无奈，有那么多值得我们感叹的事。遭遇苦难，我们或许一时难以接受，或许会感到迷茫和无助，但要记住，千万不要让自己陷入悲观和绝望。如果陷入绝望，我们的生活就会完全失去方向；如果陷入迷茫，我们的人生将永远沉沦。有时候，我们需要"扼住命运的喉咙"，这样才不会任其摆布，甚至随意消沉下去。这才是强者的选择！

我们经常说，吃得苦中苦，方为人上人。同样的道理，天上不会掉馅饼，一个人忍受住痛苦的折磨，才能在生活道路上有所收获。你吃得多大的苦，就能成多大的事。你能承受超常的痛，才会有超常的收获。其实，人生就是这么简单，面对苦难，不要抱怨，更不要自怨自艾，面对才是最好的方式。

一个年轻人因为生活的不如意站在桥上想要跳桥自杀，而他手里拿着一本诗集，诗集的名字叫《命运扼住了我的喉咙》。这本诗集的作者听说这件事以后，拿了另一本诗集冲向河边。他来到河边后，轻轻地走到年轻人的前面。想要轻生的年轻人见有人上前，以为是强行劝阻的人，便做出欲跳的姿态大声嚷道："不要过来！你不用劝我，我是不会下来的，命运对我太不公平了。"

诗人冷冷地说："我本不是来劝说你的，来到这里的目的是为了取回我的诗集。"

年轻人有点愣住，他没有想到自己喜欢的诗人能过来。看到年轻人有些犹豫，诗人接着说，"我要将这本诗集毁掉，不让它再危害别人，可以将我手中的这本诗集和你手中的那本交换。"

年轻人犹豫了一会，答应了诗人的请求，接过诗人手上的那本诗集，一看便有点吃惊，书名和自己手中的正好相反：《我扼住了命运的喉咙》。

诗人从年轻人手中接过那本诗集，对着它凝望了一会，转眼便将它烧得精光。烧完后，诗人又说道："以前当我四肢健全时，我曾多次站在你那里；但当我经历了那场车祸变成残疾人后，便再也没站在那儿过。"说完，诗人选择了离开。

桥头的年轻人看着诗人远去的背影陷入沉思，最后终于从桥架上下来了。

很多时候，也许我们无法改变困境，但是可以改变内心。一个人如果时常抱怨生活和命运对自己造成的种种伤害，那么永远也无法走出苦难和困境。可是，如果一个人让自己坚强起来，选择用笑容来面对伤害，自然可以扼住命运的喉咙。

李嘉诚说："等待的是命运，拼出来的才是人生。"蚕蛹化茧成蝶，需要承受撕掉一层皮的痛苦，我们想要获得美好的人生，想要成功，就必须对自己狠一些。因为吃多大苦，才能成就多大的事业；忍受多大的痛，才能有多大的收获。